신혼부부·초보 부모를 위한 필수 육아 응급 매뉴얼

완벽한 부모가 아니어도 충분해요

신혼부부·초보 부모를 위한 필수 육아 응급 매뉴얼

완벽한
부모가
아니어도
충분해요

감수 이관노

공저 이명노 나현숙 이영선 배정진

프로방스

프롤로그

4세 고시, 7세 고시라는 말이 있다. 영유아들이 기저귀 차고 학원에 간다고 한다.

실제 많은 부모들이 자신은 좋은 부모이고 훌륭한 어른이라고 생각한다. 그러나 막상 아이를 만나고 직접 마주한 현실은 쉬운 구석이 하나도 없다. 끝이 보이지 않는 막막함에 어떻게 해야 할지 헤매기 시작한다. 우리 아이를 건강하고 바르게 키운다는 것이 이렇게 힘든 일인 줄 누가 알았겠는가? 우리 아이 훌륭하게 키우고 싶은 당신을 위해 이 작업을 시작했다.

우리 아이에게 온전히 내 안의 사랑을 표현하고 싶은 당신을 위해서,

우리 아이가 자신과 세상을 바라보는 시야가 넓어지길 바라는 당신을 위해서,

부모를 닮아 '머리 좋은 우리 아이'가 되길 바라는 당신에게,

우리 아이가 한 사람의 멋진 어른으로 행복하게 성장하려면,

부모는 무엇을 어떻게 해야 할지 고민하는 당신을 위해 이 책을 저술했다.

완벽한 부모가 아니어도 충분해요

특히 신혼부부, 임산부, 어린 자녀를 둔 부모님들의 필독서로 준비했다.

'성적이 쑥쑥 올라가는 효율적인 공부기술' '초 강력 학습법' '공부하는 힘, 몰입의 학습법' '몸이 즐거운 체질 학습법' '공부가 쉬워지는 오행 학습법' '우리 아이 영재로 키우는 창의적 방법 등등 수많은 자녀교육 영상과 도서들이 우리 부모들을 현혹시키고 있다.

이와 같은 정보들은 어떻게 하면 즐겁고 효과적으로 공부할 수 있을까에 대한 방법을 나름대로 제시하고 있다. 하지만 우리 아이들이 인생의 소중한 시간을, 시험을 위한 공부로 얼마나 허비하고 있는가를 알 수 있어서 새삼 안타까운 마음이 든다. 무언가 좀 더 근본적인 대책은 없을까? 하고 곰곰이 생각하지 않을 수 없다.

이 책은 우리 아이들의 두뇌를 근본적으로 좋게 하는 방법은 없을까? 라는 문제의식에서 시작되었다. 정말 우리 아이의 머리를 좋게 할 수 있는 방법이 있을까? 하는 의문을 품는 분들도 틀림없이 있을 것이다. 대부분의 사람들은 인간 두뇌의 좋고 나쁨은 선천적인 것이어서 아무리 발버둥을 쳐도 변할 리가 없다는 확고한 신념을 갖고 있는 것 같다. 이런 신념을 가진 부모는 자녀의 머리를 좋게 하려는 노력을 소홀히 하고 잠재력이 엄청난 아이의 두뇌를 녹슬게 만든다. 그것은 잘못된 신념이다. 인간의 두뇌는, 특히 어린 아이일수록 주어진 주위 환경에 따라 더욱 좋아질 수 있는 가능성을 충분히 가지고 있다.

스승의 가르침이 사람을 기르는 일이라는 점을 생각한다면 아버지가 아이를 처음 발생시키고 어머니가 열 달 동안 배 안에서 생육하고 유아 때 정성으로 기르는 일은 '사람을 길러내는 일'의 시작점이다. 그렇기 때문에 부모의 태교와 육아는 아이의 성장의 기초를 만드는 그 무엇보다도 중요한 일이다. 이 책에서 대상으로 하는 태중에서부터 6세까지의 아이에게 부모가 적절한 자극을 주면 아이의 재능은 놀랍게도 급커브를 그리며 눈에 띄게 발달해 간다.

'적절한 자극'이란 무엇이고 누가 줄 수 있는가?

문제는 이 적절한 자극이란 도대체 무엇인가, 또 누가, 어떻게 주는 것인가 라는 점이다. 그것을 생각해 보려는 것이 이 책의 주제이다. 최근의 두뇌과학이나 생리학이 인간의 두뇌에 대해 어떤 자극이 어떻게 작용하여 두뇌가 발달하는가? 라는 직접적인 관계를 아직까지도 충분히 알아내지는 못하고 있다. 그렇지만 인간의 지능이 교육과 훈련, 또는 그 아이가 처한 환경 조건에 따라 확실하게 변화해 간다는 것은 부정할 수 없는 사실이다. 이 때문에 바로 이 점에서 아이의 머리를 좋게 할 수 있는 가능성이 충분히 열려 있는 것이다.

아이 머리의 기초를 다져 주는 것은 부모이다. 학교에 들어가기 전의 아이에게 있어서 부모는 매일 접할 수 있는 유일한 어른인 만큼 부모가 어떠냐에 따라서 아이의 머리는 좋게 될 수도, 나쁘게 될 수도 있다. 이 점에서 부모의 책임은 매우 크지만 그렇다고 해서 미리부터 겁을 먹을 필요는 없다. 부모가 일상 생

활 속에서 간단한 궁리와 아이디어를 생각해 내는 그것만으로
도 우리 아이의 두뇌개발이 가능하기 때문이다.

그렇게 되면 좋은 머리를 가지고 있는 우리 아이는 학교에
들어가서도 공부 때문에 고생하는 일이 거의 없게 된다. 문자
그대로 '쏙쏙' '척척' 공부를 해치우고 나서 남는 시간을 더욱 유
익하게 보낼 것이 틀림없다. 저자들은 그런 아이들이야 말로 앞
으로 다가 올 미래 세계를 짊어지고 나갈 유능한 주인공이 되어
줄 것이라 믿어 의심치 않는다.

대부분의 부모들은 자녀 육아에 있어 무엇이 최상의 방법인
지 확신하지 못한다. 이는 어쩌면 당연하다. 훌륭한 부모가 되
는 법을 배운 적이 없으니까 말이다. 단지 자신의 어릴 적 기억
을 떠올리면서 좋은 부모가 되는 법을 스스로 만들어내고, 다
른 사람들은 어떻게 하는지 살펴보고, 또 육아 관련 책들을 뒤
척이며 잘못된 점을 깨닫고 개선해 나가는 방법밖에는 없지 않
은가?

이 책은 이상에서 살펴본 바와 같은 의도와 배경에서 기획

완벽한 부모가 아니어도 충분해요

되었다. 1부는 육아 실천 매뉴얼로 현명한 육아의 119가지 방법을 8개 장으로 나누어 각각 구성하였다. 1장은 열 달 태교가 10년 가르침보다 더 중요하다, 2장은 부모 말 한마디로 발달하는 아이의 사고와 지능, 3장은 말썽꾸러기를 창의적인 아이로 만들려는 당신에게, 4장은 아이의 성장을 위한 환경을 만들고 싶은 당신에게, 5장은 아이 성향에 맞는 놀이가 궁금한 당신에게, 6장은 아이 사고력을 증진하고 싶은 당신에게, 7장은 아이 두뇌를 건강하게 만들려는 당신에게, 8장은 난감한 상황에 지혜롭게 대처하려는 당신에게, 총 8개 장이다. 2부는 태교와 육아에 대한 전문적인 이론 편으로 자녀의 지능발달과 인성개발의 이론적 기초를 제시하였다. 9장은 머리가 좋은 아이의 부모는 어떤 사람인가? 10장은 부모의 관심과 애정이 기본, 총 2개 장이다, 마지막에 사주당 이씨의 태교신기에 관한 내용을 부록으로 수록하였다.

이와 같이 이 책은 태교와 육아에서 가장 중요하게 여겨야 할 것은 무엇인지, 그리고 어떻게 하면 부모와 자녀가 서로 이해하고 함께 성장할 수 있는지에 대해 알려준다. 또한 뛰어난 인지 심리학자이자 교육이론가인 장 피아제의 지능발달 4단계, 제롬 브루너의 인지발달 3단계를 이론적 근거로 하여 육아, 자녀교육 과 관련한 다양한 지식과 방법을 습득하고 이를 실생활에 적용 할 수 있도록 이끌어줄 것이다. 자녀 인성개발의 측면에서도 조선 후기 최고의 여성 실학자인 사주당 이씨의 태교신기와 미국 에릭 번의 교류분석 심리학, 에릭 에릭슨의 심리사회적 발달이론을 적용하여 인성교육의 구체적인 방법에 대해서 정리하였다.

　여러분은 이 책을 읽으면서 미소를 짓기도 하고 곰곰이 생각에 잠기기도 할 것이다. 또한 다양한 사례를 통해 늘 궁금했던 점을 속 시원하게 해결할 수도 있을 것이다. 아울러 이전과는 다르게 우리 부모들이 흔히 겪는 육아와 자녀교육 문제에 부딪히더라도 이 책을 활용하여 스스로 지혜롭게 해결하게 될 것이다.

　부모가 되기는 쉬우나 부모 노릇 하기는 어렵다고 한다. 아이들을 사랑으로 양육하고 올바르게 애정을 표현하는 방법은

선천적으로 타고나는 것이 아니다. 좋은 부모가 되기 위해서는
의지와 훈련이 필요하다. 이 책은 1장부터 순서대로 읽으셔도
좋고, 필요에 따라 119가지 상황 대응 방안을 골라서 보셔도 재
미 있을 것 같다. 자녀를 키우는 부모라면 누구나 이 책을 집안
에 비치해 두면 실제로 어려운 상황이 벌어졌을 때 응급상황에
서 어떻게 대처할 것인가에 대한 지혜를 얻게 될 것이다. 이제
막 부모가 되려는 사람부터 좀 더 나은 육아와 자녀교육을 고민
하는 부모들에게 큰 도움이 되기를 기대한다. 엄마 아빠가 함께
읽고 배우는, 그리고 함께 육아의 기쁨을 즐기는 실용적인 육아
레시피가 될 수 있도록 감수를 맡아 주신 전주이씨 단산도정 종
회 이관노 회장님, 코칭앤코 컨설팅 오미현 대표님께 큰 감사를
드린다.

저자 일동

차 례

제1부

태교와 육아 119 상황 대응 매뉴얼

제1장

열 달 태교가
10년 가르침보다
중요하다

2000년대에 들어서면서 청소년 인성교육, 낮은 출산율 문제 등 여러 가지 이유로 태교에 대한 관심이 점점 더 높아지고 있다. 과거에는 태교를 전통적인 것, 낡은 생각, 미신이라고 치부하고 무시하거나 검증되지 않은 맹신으로 태아에게 영어나 수학을 가르치는 조기교육의 열풍을 일으키는 등 웃지 못할 현상을 만들어내기도 하였다.

태교가 육아의 시작이다.

의술을 잘하는 자는 병들지 아니하였을 때 다스리고, 잘 가르치는 자는 태어나기 전에 가르친다고 한다. 스승의 10년 가르침이 부모의 열 달 기르심만 못하다는 뜻이다. 조선 후기의 위대한 여성 유학자 사주당 이씨[1]는 스승에게 가르침을 받는 10년보다 더 중요한 것이 어머니 배 속에서의 열 달이고 부모가 아이를 갖기 이전부터 바른 마음을 가져야 아이가 올바르고 훌륭한 사람이 될 수 있다고 강조한다. 즉 태교가 시작이고 근본이며 스승의 가르침은 그다음이라는 말씀이다.

사주당 이씨가 저술한 『태교신기』는 직접 1남 3녀, 4남매를 키우는 과정에서 자신이 겪은 임신과 육아의 경험을 경서 및 의서 등에 기초해 저술한 태교에 관한 책이다. 사주당 이씨의 태교신기는 일찍이 임산부의 태교와 영유아 육아법의 중요성을 깨달아 세계 최초로 그 이론과 실제를 체계적으로 정립하였다는 데에 역사적 의의가 있다. 『태교신기』를 집필할 당시 조선은 시대적 변화에 따라 실사구시의 방법론이 강조되었다. 이러한 분위기 속에서 사주당은 자신의 경험을 기반으로 태교와 육아에 관한 이론을 집대성하고자 하였다. 사주당 이씨의 태교신기에서 제시한 태교와 육아에 대한 마음가짐과 방법이 현대의 두뇌 과학이나 여성병원 산부인과에서 제안하는 태교 방법과 거의 일치한다는 사실에서 특히 주목을 받고 있다.

---

1) 사주당 이씨(師朱堂 李氏, 1739~1821)는 태종대왕의 장자인 경녕군의 10대손, 경녕군 열 번째 아들 단산도정의 9대손인 창식의 따님이다. 1739년(영조 15) 부친 창식과 모친 진주 강씨와의 사이에서 2남 5녀 중 막내딸로 태어났다. 그녀의 출생지는 청주 서면 지동촌이다.

사주당 이씨가 들려주는 태교[2] 이야기

사람은 하늘로부터 성품을 타고나고 부모로부터 기질을 받아서 태어난다. 사람은 이러한 성품과 기질의 조합으로 이루어진다. 성품은 보편적이지만 기질은 개별적이어서 한쪽으로 편중될 수 있다. 이러한 이유로 부모는 기질이 한쪽으로 심하게 치우치지 않도록 아이를 낳고 기르는 일을 신중히 해야 한다. 사람의 기질은 개별적이기 때문에 여러 가지 측면에서 완벽하게 균형 잡힌 경우는 존재하기 어렵다.

하늘로부터 성품을, 부모로부터 기질을

누구나 신체적으로나 체질적 측면에서 조금씩 치우쳐있어서 저마다 고유의 개성을 지니게 된다. 한 개인 안에서도 모순처럼 보이는 특성들이 존재한다. 그런데도 사람마다 균형이 잡혀있는 것처럼 보이는 것은 그러한 특성들이 평화롭게 공존하기 때문일 것이다. 즉 기질의 다양한 측면들을 아우르는 유연성과 개방성이 있어 성품과 조화를 이루기 때문이다. 기질이 편승한다는 것은 이러한 유연성과 개방성이 부재하며, 성품에 따라 움직

---

2) 사주당 이씨와 아들 유희가 지은 〈태교신기〉, 〈태교신기 언해〉에서 오늘날 임산부들도 꼭 알아야 할 핵심적인 메시지를 발췌하여 요약 정리하였다.

완벽한 부모가 아니어도 충분해요

이지 못함을 말한다.

'아버지 날 낳으시고 어머니 날 기르신다.'라는 말은 사람의 생명이 아버지에게서 출발하고 어머니에게서 배태되어 자라게 된다. 스승의 가르침이 사람을 기르는 일의 하나임을 고려한다면 아버지가 나를 처음 발생시키고 어머니가 나를 열 달 동안 배 안에서 양육하는 일은 모두 '사람이 되도록 하는 일', 즉 '사람을 길러내는 일'의 연속체이다.

따라서 아버지 나를 낳으시고, 어머니 나를 기르시며, 스승이 나를 가르치는 일은 내가 사람으로 성장해 가는 일에 반드시 거쳐야 하는 연속된 과정의 일부이다. 스승이 십 년을 가르쳐서 얻을 조건을 어머니는 뱃속에서 열 달 동안 온몸과 마음으로 가르치며, 아버지는 이 모든 과정의 시작점으로서 자신의 신체와 정신을 건강하게 유지함으로써 아이에게 미칠 영향을 최대한 긍정적으로 만들어 주어야 한다.

즉 배태 이전에 아버지로부터 출발하던 시점의 기질적 기억이 모든 교육의 시작이며, 이를 어머니가 받아서 열 달 동안 먹고 마시고 움직이고 생각하고 보고 듣고 읽고 느끼는 모든 과정을 모범적으로 함으로써 태 안의 아이가 간접적으로 이를 배우게 한다. 이는 출산 이후의 여타 교육을 받아들일 준비를 할 수 있도록 하는 것으로, 모든 교육의 바탕이 된다.

이런 이후에 스승이 10년을 가르쳐 아이를 키우는 것이므로, 출발점과 바탕이 바르지 못한 것을 그 후 바로 잡기는 어렵다. 그래서 아버지 되는 이가 바르고 건강한 삶을 유지해야 아이에게도 그러한 속성이 발생하며, 어머니가 또 아이의 속성을 잘 달래어 바람직한 경험을 전달해 주어야 아이도 세상에 나오기 전에 그러한 기질을 갖추어 세상에 나오게 된다. 그러므로 가르침이란 단순히 스승의 가르침에 그치지 않고 10개월간 어머니의 임신 중 가르침과 수태 전후 아버지의 기질적 가르침까지 생각하여야 한다.

태교를 해야 현명한 자식을 얻을 수 있다.

태교는 남녀가 혼인하여 처음 한 방에 거처하면서부터 시작되며, 그렇기 때문에 아버지 될 사람의 태도와 책임이 그 무엇보다 중요하다. 그다음 임신한 어머니는 아이를 배고 있는 열 달 동안 보고 듣고 말하고 움직이고 생각하는 모든 일에서 온몸과 마음과 지각을 바르게 하여야 한다. 이어 자식이 장성하고 나면 현명한 스승을 가리어 배우게 하는데, 이때 현명한 스승은 단순히 말이나 글로 가르치는 것이 아니라 몸소 실천함으로써 가르치는 이를 말한다.

나무, 불, 흙, 쇠, 물의 오행이 자연의 순환과정에서 배태되

듯이 사람도 태(胎)를 통해 그 형상과 기질이 정해진다. 이것을 가르쳐 올바른 방향으로 이끄는 것은 그다음의 일이어서 사람의 성품과 기질을 바르게 얻으려면 태교를 올바르게 해야 한다. 사람은 선천적으로 무한한 가능성을 갖추고 있으나 실제 재능이 부족한 사람이 많은 까닭은 태교에 힘쓰지 않았기 때문이다.

임산부가 괴이한 음식을 즐기고, 서늘한 방에서 게을리 지내고 우스갯소리나 즐기는 생활 태도를 보이게 되면, 처음부터 집안 사람을 속이고, 나중에는 오래 누워서 계속 잠만 잔다든지 하면서 뱃속의 아이를 바르게 기르지 못하게 된다. 또한 영양이 불충분하게 되어 병이 생기거나 출산이 어려워지는 것이고 종국에는 제대로 된 자식이 태어나지 못하게 될 수 있다.

올바른 태교, 이렇게 하라

태에서 기르는 일은 아이를 밴 어머니만의 일이 아니라 가족 구성원 모두가 함께 조심스럽게 행동해야 하는 일이다. 임산부가 분한 일, 흉한 일, 난처한 일, 급한 일을 듣지 않게 함으로써 임산부가 성내지 않고 두려워하지 않고 근심하지 않고 놀라지 않게 해야 한다. 임산부가 화를 내면 뱃속 아기의 혈액 순환에 문제가 생길 수 있고, 임산부가 두려움에 휩싸이면 뱃속 아기의 정신상태에 문제가 생길 수 있으며, 임산부가 지나치게 근심하면 뱃속 아기의 기(氣)가 눌릴 수 있고, 임산부가 심하게 놀라면 태아가 뇌전증에 걸릴 수 있다. 비과학적이라 생각할 수도 있겠지만 어머니의 상태가 뱃속 아기에게 전달되는 것은 당연한 일이며 잉태되어서 처음 겪게 되는 일들이 태아의 상태를 결정한다는 것 또한 당연한 사실이다.

또 임산부의 감정이 태아에게 이어지기 때문에 임산부 옆에 있는 사람들은 임산부가 느끼는 기쁨, 성냄, 슬픔, 두려움 등의 감정이 지나치지 않도록 배려해 주어야 한다. 임산부 곁에 있는 사람들이 임산부의 감정 상태를 고려하여 움직이고 좋은 말과 좋은 이야기로 끊임없이 기쁘게 해주어야 태아에게도 그러한 기분과 상태가 이어질 수 있다. 태아가 훌륭한 성품과 기질을 갖게 하기 위해서는 임산부의 태도만이 중요한 것이 아니라 임산부 주변에서 함께하는 사람들이 임산부를 대하는 태도와도 관련이 있다.

처음 태기가 있고 난 뒤 한 달 안에 이슬 모양의 형상이 만들어지게 되니 이를 '배(胚)'라 하고, 다시 한 달이 지나 임신 이 개월 차에는 이슬 형상이 점차 붉은색을 띠게 되면서 미세한 움직임이 생기게 되는데 이를 '운(暉)'이라 하며, 이때부터 입덧하며 잉태가 분명하게 된다. 다시 한 달이 지나 임신 삼 개월 차가 되면 맑은 액체 속에 하얀 실 모양의 사람 형체가 만들어지는데 이것을 '태(胎)'라 한다.

이렇게 임신해서 삼 개월이 되면 태아의 형상이 갖추어지게 되니, 이때부터는 임산부가 보는 것들이 모두 태아에게 전달되기 때문에 임산부는 좋은 것들만 골라서 보고 나쁘고 흉한 것들은 피해서 보지 않도록 해야 한다. 또한 모진 말, 욕설, 꾸짖는 말, 희롱하는 말, 거짓말, 귓속말, 사실무근의 말, 자신과 무관한 말 등은 하지 말아야 한다. 시끄러운 노래, 싸우고 서러워하는 소리와 바르지 못한 소식들도 임산부의 마음을 바람직하지 않게 움직이므로 이를 꺼리고 시를 외우고 글을 읽거나 음악을 들으며 마음의 평정을 유지해야 한다.

임산부가 조심해야 할 일

임산부는 항상 '삼가는 마음(敬)'으로 마음을 가라앉혀 피를 안정되게 하여야 자식이 바르게 이루어진다. 단순히 약으로 자식의 질병을 낫게 하고, 위생으로 자식의 몸을 낫게 할 수는 있다. 그러나 자식의 성품과 기질을 바람직하게 하기 위해서는 임산부가 마음가짐을 조심스럽게 해야 한다. 이렇게 임산부의 삶에 대한 자세가 반듯해야 삶에 대한 태도가 진중하고 성실한 자식을 낳을 수 있다.

임산부는 일상에서 늘 조심하고 보호받아야 하므로 되도록 한 자리에 조용히, 바르게 앉아 있어야 한다. 앉아서도 움직임에 늘 일정한 법도가 있어야 하며 만삭이 되면 허리를 굽혀 머리 감는 일조차 하지 말아야 한다. 이와 같이 임산부는 모든 일에서 보호받아야 하고 앉아서 일상을 삼가며 지내야 한다. 항상 앉아 있을 수만은 없으므로, 걷게 될 때도 당연히 조심스러워야 한다. 좌우 혹은 앞뒤의 어느 한쪽으로도 기울여지지 않아야 하며 달리거나 건너뛰지 않아야 한다.

임산부는 되도록 일에서 벗어나 앉아서 시간을 보내야 하지만 부득이 서서 걸음을 걷는 일을 오래 하면 반드시 침대에 누워서 휴식을 취해야 한다. 누워서 휴식을 취하거나 잠을 잘 때에도 태아에 무리가 가지 않도록 엎드리거나 바로 눕는 것을 피한다. 측면으로 누울 때도 몸을 바르게 하고 좌우로 번갈아 가면서 누워야 하고 만삭이면 옷을 쌓아 태아가 뱃속에서 한쪽으로 치우치지 않도록 받쳐가며 누워야 한다.

임산부는 자고 일어나면 반드시 먹어야 한다. 임산부의 할 일 중에서 '먹는 일'이 가장 중요하기 때문에 섭식(攝食)에 대해서는 아무리 강조해도 지나침이 없다. 임산부는 모양이 바르지 않은 과일이나 벌레 먹은 과일, 썩어 떨어진 과일을 먹지 않아야 한다. 날것으로 된 푸성귀, 찬 음식, 쉰 음식, 상한 생선, 썩은 고기, 빛깔이나 색깔이 나쁜 고기를 먹지 말아야 한다. 고기

완벽한 부모가 아니어도 충분해요

를 시도 때도 없이 먹거나 밥보다 많이 먹지 않아야 한다. 또한 태아에게 좋은 영향을 미치는 음식도 있으니, 해산할 즈음에는 좋은 음식으로 영양을 보충하고 천천히 걸어 다니면서 건강에 신경을 써야 한다. 특히 해산 뒤에는 새우와 미역을 통해 산모의 불균형해진 영양상태를 보충해야 한다.

제2장

부모 말 한마디로
발달하는
아이의 사고와 지능

앞서 3장에서 살펴본 바와 같이 교류분석 심리학에서는 인생태도의 영향력을 강조한다. 긍정적 인생태도(OK)가 기본이 되고 부정적 인생태도가 형성되지 않도록 보살펴야 한다. 아이의 머리를 좋게 만들려고 할 때도 우선 부모가 생각해야 할 것은 아이의 머리가 기분 여하에 따라 좋아질 수도, 나빠질 수도 있다는 점이다. '병도 마음먹기 나름'이라는 말이 있는데, '아이의 머리도 기분 나름'인 셈이다. 이와 관련하여 다음과 같은 실험이 있다.

머리의 움직임도 마음가짐 나름이다.

우선 아이에게 지능 검사를 시행하여 각자의 지능지수를 산출한다. 이어서 아이들에게는 안 된 일이지만 욕구 불만을 일으키게 하는 실험 조건을 만든다. 예를 들면 테스트 시간을 단축하여 잘할 수 있는 아이도 할 수 없는 상황을 만들어서 "너는 수재라고 하더니 뜻밖에도 형편없군."이라는 식으로 심하게 꾸짖어 본다.

그러면 대부분의 아이는 울지는 않더라도 금방 알아볼 수 있을 정도로 울상이 되거나 말없이 고개를 숙이며 반항하는 모습을 보이게 된다. 그때 "어차피 넌 안되니까. 다른 문제를 해보자."라고 하며 사실은 앞에서 했던 지능 검사와 순서만 다르게 만든 똑같은 문제를 가지고 검사를 한다. 결과는 말할 것도 없이 이 아이가 아까 그 아이가 맞는지 하고 의심이 될 정도로 한결같이 지능지수가 현격히 저하되고 만다.

실험 대상이 된 아이로서는 참기 어려운 일이겠지만 실험 후에는 본래의 목적을 잘 설명하여 욕구 불만을 없앤 후 돌려보내야 하는 것은 물론이다. 이 실험을 보더라도 설사 일시적이기는 해도 기분이 머리의 움직임에 큰 영향을 주고 있다는 것을 알수 있다. 역으로 아이에게 격려를 해주고 자신감을 갖게 해주면 지능검사의 지수는 쑥쑥 올라간다.

물론 지능지수만을 보고 머리의 좋고 나쁨을 판정할 수는 없지만 이것은 카드놀이를 해본 부모라면 누구나 쉽게 이해할 수 있을 것이다. 패가 안 풀려서 울화통이 치밀면 점점 생각이 잘 안 돌아가게 되고 엉뚱한 실수를 한다거나 쓸데없는 수만 내다가 지고 만다. 또 오늘은 어째 이길 것 같지 않다는 소극적인 생각으로 놀이하면 이상하게 정말로 이기지 못한다. 감정적으로 불안하거나 욕구 불만 상태가 되면 자신도 모르는 사이에 상황에 적응하는 머리의 유연성이 약해지기 때문이다.

아무튼 직면한 문제를 여러 가지 각도에서 유연하게 생각해야만 문제해결의 수단이 발견된다. 차분하게 생각하기만 하면 당면한 상태를 정확하게 판단할 수 있고 어디에 어떤 문제가 있는지, 또 무엇이 원인인지를 추적하여 그 대처 방안도 쉽게 찾을 수 있다. 그런데 욕구 불만이나 열등감, 불안감 등 감정적으로 불안정한 상태나 흥분상태에 빠지면 누구나 눈앞에 뻔히 보이는 해결의 실마리도 찾지 못하고 마는 것이다.

부모의 말 한 마디가 아이의 머리를 결정한다.

이러한 머리의 움직임과 심리상태의 메커니즘을 생각하면 머리가 좋은 아이로 키우기 위하여 부모는 무엇을 해야 하는가? 라는 문제는 저절로 명확해진다. 머리를 좋게 만들기 위한 하나의 중요한 조건은 자신이 직면한 상황에 유연성을 갖고 대응하고 복잡한 실타래도 냉정하게 풀어서 해결을 위한 실마리를 발견하는 능력을 갖추게 하는 것이다. 이를 위해서는 무엇보다도 아이의 마음을 머리가 움직이기 쉬운 상태로 만들어 주는 것이 선결과제이다.

보통의 부모들을 보면 학교 성적이나 진학 경쟁처럼 눈앞에 닥친 일에만 온통 정신을 빼앗겨서 이러한 점에 대한 배려가 너무나 부족하다. 아이가 시험에서 좋지 않은 성적을 받으면 다른 사람 앞에서도 거리낌 없이 야단치며 너는 멍청이라든가, 머리가 나쁘다는 식의 말을 아무렇지도 않게 한다. 이러한 부모의 말 한마디 한마디가 사실은 아이의 자신감을 빼앗고 머리의 움직임을 억눌러서 능력을 저하하고 마는 것이다.

나쁜 것은 아이의 머리가 아니라 아이 머리의 움직임을 억압하고 파괴하는 부모의 부주의한 말 한마디이다. 아이에게 있어서 부모는 절대적인 존재이다. 그런 부모가 아이의 머리가 좋다는 것을 믿고 칭찬하고 때로는 격려해 주어서 자신감을 느끼게 해준다면 아이 자신도 놀랄 정도로 머리의 회전이 좋아지고 어려운 문제라도 척척 풀게 된다.

이 장에서는 아이에게 자신감을 심어주고 머리의 움직임을 활발하게 해줄 수 있는 언어를 통한 암시의 방법을 생각해 본다. 칭찬하건, 야단을 치건 부모의 말 한마디에 아이의 기분은 달라진다. 아이가 자기의 머리가 좋다고 믿기만 한다면 밤늦게까지 책상 앞에 앉아서 공부하지 않더라도 학교 성적은 쑥쑥 향상된다. 아이에게 미래의 가능성을 믿게 하고 아이 스스로 자신감을 느끼게 해준다면 당신의 아이는 반드시 기대에 부응할 것이다.

1. "너는 머리가 좋아."라고 말해주면 정말로 머리가 좋아질까?

우리는 방송이나 신문, 잡지나 각종 책에서 여러 분야에서 활동하고 있는 유명인의 어린 시절에 관한 이야기를 자주 접하게 된다. 그들의 이야기를 유심히 살펴보면, 하나의 공통점을 발견할 수 있다. 그것은 그들이 어린 시절에 반복하여 "너는 머리가 좋아." "너는 장래에 큰 인물이 될 거야."라는 말을 들으면서 자랐다는 점이다.

이것은 심리학에서 말하는 암시 효과의 일종으로서 특히 아이들에게 지대한 영향을 발휘한다. 명사들의 부모는 자신도 모르게 암시의 기술을 구사하여 아이의 두뇌에 영향을 주었다. 그런데 세상에는 "어째서 그렇게 머리가 나쁘냐?"라고 입만 열면 핀잔을 주는 부모가 너무도 많다. 항상 곁에 있는 부모로부터 쉴 새 없이 이러한 말의 암시를 받으면 모처럼 그때부터 발현하려던 두뇌도 시들어버려서 정말로 머리가 나쁜 아이로 자라게 된다.

"너는 머리가 좋아." "너는 머리가 나빠."라는 이 두 가지 말의 차이가 장차 아이가 어떤 사람으로 성장할 것인가를 결정하는 열쇠가 된다. 자신감 있는 아이로 키우느냐, 열등감에 젖어 자기 비하 하는 아이로 키우느냐 여부에 따라 자녀의 인생이 달라진다.

2. 긍정적인 혼잣말이 긍정적 사고와 태도를 길러준다.

인간의 심리에는 스스로 한 말에 따라 그것이 실제 현실로 실현되는 현상이 있다. 이것을 심리학에서는 '자기암시 효과'라고 한다. 이 자기암시 효과는 어느 정도 나이가 든 아이일 경우 스스로 자신을 향해서 하게 하면 한층 효과를 발휘할 수 있다.

예를 들어 우리는 평소에 조금 복잡한 문제에 부딪히면 "저것은 이렇게, 이것은 저렇게"라고 무의식적으로 말로 내뱉는 경우가 많다. 오중석이라는 유명 사진작가가 "나는 천재다"라는 말을 공책에 쓰고 외치고 나서 슬럼프를 벗어난 이야기나, 시합 전에 "반드시 이긴다"라고 공언하여 세계 챔피언의 자리에 오른 어느 복서의 이야기도 잘 알려져 있다.

이러한 자기암시의 효과는 당연히 아이의 사고 활동에도 응용할 수 있다. 즉 항상 "나는 스스로 생각한다." "나는 스스로 알

아서 한다."라고 자기 입으로 말하도록 지도하기만 하면 나중에
는 아이의 무의식적인 힘이 자연스럽게 자기 자신을 영리하게
생각하는 아이, 스스로 생각하는 아이로 키워준다. 마음속으로
막연하게 그렇게 생각하는 것보다 말로 하는 것에 의해 보다 명
확하게 자신의 긍정적 태도가 형성되는 효과가 생기는 것이다.

3. 부모가 믿음을 보여주면 아이는 성장한다.

　미국의 사회심리학자 로버트 로젠탈은 초등학교에서 무작위
로 선정한 20%의 학생들이 우수한 학생으로 장차 성적이 크게
향상될 것이라고 담임선생님에게 통보해 주었다. 8개월이 지나
조사해 봤더니 실제 이 학생들의 성적이 크게 향상되었다. 이 실
험은 교사가 긍정적으로 기대하게 되면 학생은 그에 상응하는
성장을 하게 된다는 주장을 뒷받침해 주는 증거가 되었다.
　이 실험을 바탕으로 로젠탈은 이러한 현상을 피그말리온 효
과라고 불렀다. 이후 피그말리온 효과라는 개념은 교육 및 조직
관리 환경에서 널리 적용되어 왔다. 교사가 학생에 대해서 어떤
기대를 하고 있는가가 학생의 학업성적에 영향을 주듯이, 리더
가 직원에게 어떤 기대를 하는가가 직원의 직무성과에 실제 영

향을 준다는 것이다.

　피그말리온이란 그리스 신화에 나오는 키프로스 왕이다. 그는 여인 조각을 살아있는 미녀라고 믿고 지극한 사랑을 하였다. 이것을 본 신이 그를 어여삐 여겨 조각에 생명을 불어넣어 인간이 되게 해주었다는 이야기이다. 즉 이 피그말리온처럼 처음에는 기대할 수 있는 상태가 아니더라도 '이렇게 될 것이다'라고 마음속으로 믿고 그렇게 행동하면 상대도 자신의 기대대로 변해 간다는 신기한 작용이 인간의 마음에 있는 것이다.

〈그림 1〉 부모의 믿음은 아이 성장의 기초

이것은 인간이 자신을 긍정적으로 믿어주고 기대해 주는 사람이 있으면 그 사람의 기대에 아주 예민하게 반응하기 때문일 것이다. 마찬가지로 어떤 아이라도 그 부모가 '우리 아이는 할 수 있어'라고, 믿는 것에 의해 실제로 아이의 두뇌가 성장한다는 피그말리온 효과를 기대할 수 있다는 것이다.

아이가 그린 그림을 보고 고개를 갸우뚱하며 "이게 무슨 그림이지? 좀 더 알아볼 수 있게 그려봐."라고 말하기보다 "와! 많이 늘었네. 이러다가 화가가 되겠다."라고 격려해 준다면 어떨까? 부모가 전자처럼 말해서 무안을 당한 아이는 풀이 죽어 그림을 그리려 들지 않을 뿐만 아니라 다른 일을 할 때도 부모의 부정적 평가에 신경이 쓰여 위축이 된다. 반면 칭찬을 듣고 신이 난 아이는 스스로에 대한 자신감에 부풀어 전보다 더욱 열심히 그림을 그릴 것이다.

4. 생각지도 않은 일에 칭찬을 받으면 자신감이 불어난다.

어른이나 아이 할 것 없이 누구나 칭찬을 받으면 기분이 좋아진다. 그리고 무엇을 칭찬받느냐에 따라 기쁨의 정도도 크게 달라진다. 다시 말해 소설가가 문장에 대해 칭찬을 들으면 그리 대단한 것도 아니지만, 전혀 다른 골프 실력에 대해 칭찬을 들으면 자신도 모르게 입이 벌어진다.

전자는 자신도 익히 알고 있는 것에 대해 칭찬을 들은 경우이고 후자는 자신도 그리 의식하지 못하고 있던 점을 지적받은 경우인데, 기쁨은 후자 쪽이 훨씬 더 크다고 한다. 말하자면 자기의 영역이 확대된 데 따른 기쁨인 것이다. 이것이 자신감을 크게 만들어 골프뿐만 아니라 소설 쓰는 데에도 좋은 영향을 주는 경우가 흔히 있는 일이다.

부모도 감당하지 못할 만큼 장난이 심한 아이가 있었다. 항상 꾸중만 듣던 그 아이는 어느 날 선생님에게서 장난이 아주 창조적이라는 칭찬을 받았다. 이 정도의 장난을 할 수 있으면 학교 공부를 못할 리 없다는 말까지 듣고 나서 아이는 저도 모르게 자신감을 갖게 됐다. 그 후로는 칭찬을 해준 선생님도 놀랄 정도로 학교 성적이 쑥쑥 올랐다. 이렇듯 아이는 자신이 깨닫지 못하고 있던 점에 대해 칭찬을 들으면 평소에 잘하지 못하던 것까지 새롭게 시도하는 의욕을 보이면서 모든 일에 자신감을 가지게 된다. 칭찬은 고래도 춤추게 한다지요?

한밤중에 소변이 마려워 잠에서 깼을 때 작은 소리로 이야기하는 부모님의 목소리가 들린다. "저 아이는 정말로 대단해." "난 정말 감탄해 버렸어." 낮에 있었던 일을 부모님이 이야기하는 중이었다. 또 시골 할아버지가 돌아가시고 난 뒤 "할아버지가 네 그림을 보고 아주 훌륭하다고 놀라시든 걸." 어머니로부터 전해 듣는다. 이것은 자신의 일이 화제가 되거나 칭찬을 받았다는 이야기를 다른 사람을 통해 나중에 듣는 경우가 그것이다.

이러한 간접적인 칭찬은 기쁨을 더하고, 아이의 노력을 한층 더 북돋운다. 별로 의식하지 않고 한 행동이 좋은 평가를 받았다는 데서 아이는 부모가 평소 얼마나 자기에게 관심을 쏟고 있는가를 깨닫게 된다. 아이는 어른이 생각하는 것보다 훨씬 더 예민하게 상대방의 감정을 읽는다. 얼굴을 맞대지 않고 하는 칭찬이 꾸밈없는 평가라는 사실을 누구한테도 배우지 않았지만, 아이는 그 칭찬이 훨씬 진실하다고 느낀다.

5. 잘못했을 때는 칭찬을 한 후 지적을 한다.

누군가에게 잘못을 지적당해 본일이 있는가? 아무리 이치에 맞는 말이라 해도 당장은 기분이 상하는 게 사람의 심리이다. 그리고 한번 상한 자존심은 좀처럼 회복되지 않아 자신을 비판한 사람을 만날 때마다 편하지 않고 어떤 일을 해도 자신감이 떨어지고 의욕마저 상실하게 된다. 그래서 심리학에서는 누군가를 효과적으로 설득하려면 상대방에게 스트레스가 되지 않도록 해야 한다고 충고한다. 효과적인 설득 방법의 하나로서 심리학적으로는 정서처리, 정보전달 정서 처리 라는 말의 순서를 강조한다. 아이를 비판하는 부정적 정보는 칭찬을 먼저 해서 아이의 정서를 편안하게 하고 그 후에 전달하라는 것이다.

예를 들면 뭔가에 실패한 아이를 꾸중할 때를 생각해 보자. 설득력이 없는 부모는 왜 실패했는지, 무엇을 실패했는지를 한꺼번에 전부 지적하려고 한다. 말하자면 정신도 못 차릴 정도로 무조건 윽박지르는 것인데, 이렇게 해서는 실패의 원인을 생각하게 하기보다는 반감만 불러일으키고 만다. 아무리 큰 소리로 야단을 쳐도 아이는 설득되지 않는다.

수학 시험을 잘못 본 아이에게 "점수가 이게 뭐니? 벌써 이 모양이면 나중에 중학교에 들어가서는 어떻게 할래? 다음에 또 이렇게 하면 혼날 줄 알아."라고 한다면 아이는 어떤 기분이 들까? 부모에게 꾸지람을 듣고 상처 입은 아이는 자신감을 잃어버리게 될 뿐만 아니라 마음의 문까지 굳게 닫아버린다.

반대로 설득력이 있는 부모는 우선 "잘했어." "열심히 했구나."라고 칭찬을 해준다. 이것이 앞 단계인 정서처리이다. 이어서 어째서 실패했는지를 지적한 후 "좀 더 분발한다면 성적이 많이 올라갈 거야."라고 격려하며 마무리를 한다. 그러면 같은 꾸중이라도 아이는 자신의 머리로 실패의 원인을 생각하고 다시 실패하지 않으려면 어떻게 하면 좋을까를 적극적으로 생각하게 된다. 이러한 태도를 만들어 주는 꾸중이야말로 아이를 성장시킨다.

6. 아이를 꾸중할 때는 부모가 먼저 반성한다.

사람을 잘 다루는 리더는 직원의 실수를 바로 책망하지 않으며 언어가 갖고 있는 마력의 힘을 먼저 빌린다. 우선 첫째로, 직원의 실수에 대해서 "아니야. 나의 지시 방법도 문제가 있었어. 자네 책임만은 아니야."라고 리더 자신의 잘못을 먼저 말해 주면 누구라도 솔직하게 반성하려는 마음이 들 것이다. 이 기분이 다음에는 절대로 실패하지 않겠다는 의지로 나타난다.

나아가서 이러한 꾸중 방식은 직원의 행동을 리더의 문제로 바꾸어 말하게 함으로써 상대에게 자신의 행동을 객관적으로 생각하게 하는 계기를 만들어 준다. 인간은 누구나 자신을 객관적인 시각으로 볼 줄 알아야 비로소 자주적으로 생각하고 행동을 개선해 나갈 수 있다.

특히 자기를 객관적으로 보기 어려운 어린아이에게는 "그런

짓은 하지만."라는 금지나 명령식의 꾸중은 금물이다. 이것은 부모에 대한 반항, 어쩔 수 없으니까 따르는 기계적인 복종, 툭 하면 울어대는 퇴행적인 반응을 만들어낼 뿐 아이에게 자기 머리로 생각하게 하는 기회를 만들어 주지는 않는다.

아이가 실수하거나 실패해서 꾸중할 때는 사람을 잘 다루는 리더처럼 우선 실패의 원인을 부모 자신의 책임으로 돌린다. "엄마가 잘못 일러주었구나." "아빠의 말이 충분하지 못했구나."라는 말이 아이를 솔직하게 만들고 자기 행동을 객관적으로 생각하는 습관을 만들어 준다. 그렇게 할 때 아이는 문제의 원인을 자신 안에서 찾고 그것을 고치고자 하는 마음이 우러나게 되는 것이다. 꼬장꼬장하게 꾸짖기만 하는 부모에게서 머리가 좋은 아이가 자라지 못한다는 것도 그 때문이다. 부모의 진실한 사과는 우리 자녀를 춤추게 한다.

7. 지나친 칭찬은 아이를 불안하게 한다.

"꾸짖기보다는 칭찬하자"라는 말처럼 요즘은 '칭찬하는 교육'의 전성시대이다. 확실히 많은 심리학자의 연구로 아이를 칭찬하는 것이 아이의 자신감을 길러주고 긍정적인 동기를 만들어 준다는 사실이 증명되고 있다.

이 책에서도 칭찬의 효용을 주장하고 있지만 다만 주의해야할 것은 '지나친 칭찬'의 해악이다. 많은 심리학자의 연구에서 "유아는 지나친 칭찬을 받으면 자신이 그 칭찬을 감당할 만큼 훌륭하지 못하다는 것이 폭로되지 않을까 하여 오히려 불안해한다."라는 보고가 있다. 이래서는 아이의 머리에 좋은 영향을 줄 리가 없다.

이러한 불안 외에도 지나친 칭찬은 아이를 응석받이로 만들고 자발적인 사고력을 기르기 어렵게 할 염려도 있다. 지나친 칭찬은 아이를 스스로 생각하고 행동하는 자주적인 인간으로 만들기보다는 의존적인 인간으로 만들 수 있다. 아이 스스로 잘하고 싶어서가 아니라 가족이나 다른 사람에게 칭찬받기 위해서하는 행동은 결국 아이 자신을 위한 것이 아니라는 점에서 위험하다. 어쩌다 자신이 기대한 만큼 칭찬을 받지 못하기라도 하면 아이는 심각한 좌절감에 빠지기 십상이다.

어느 정도 남의 시선을 의식하는 것은 필요하지만 타인의 평가에 의존해 모든 행동을 거기에 맞추다 보면 스트레스가 일상화될 수 있다. 또 지나친 칭찬은 아이가 자만심에 빠져 더 이상 노력할 필요조차 느끼지 못하게 해 오히려 발전을 정체시킬 위험마저 있다.

완벽한 부모가 아니어도 충분해요

8. 한 가지라도 자신 있는 것을 만들어주자.

"이것은 나도 잘할 수 있다."라는 자신감이 다른 면에서도 좋은 결과를 가져온다는 이야기이다. 아무리 사소한 것이라도 자신에게 특별하게 뛰어난 면이 있다는 자각을 갖게 해주면 두뇌의 발달에 대단히 좋은 영향을 준다. '이것을 할 수 있다면 저거라고 못 할 것은 없다'라는 일종의 자기암시가 자신감과 연결되고 그것이 좋은 자극이 되어 다른 면에서도 좋은 결과를 가져오는 것이다.

최근에는 무엇이나 무리 없이 평균적으로 잘하는 아이가 늘고 있는데 이러한 경우에는 어느 정도 이상 크게 성장하지 못한다. 아이에게 무언가 하나라도 자기만의 자신 있는 분야를 만들어 주는 것이 바람직하다. 자기 안에 숨겨진 재능, 인생을 바꾸어 줄 강점을 찾게 하자. 타고난 재능을 발휘하며 살 수 있다면 우리의 삶은 크게 성장하고 발전할 것이다.

우리들 대부분은 자신의 재능이나 강점을 활용하는 것은 고사하고 그것이 무엇인지조차 전혀 모르고 살아간다. 자신이 지닌 가장 뛰어난 재능, 강점은 내버려두고 약점을 보완하는 데만 매달리며 살아간다. 자기 자신의 재능을 발견하고 그것을 강점으로 발전시킬 수 있도록 도와주는 강점이론도 같은 맥락에서 이해할 수 있다.

김철수 씨는 다국적 제약기업의 생산부장이다. 그는 우연히 강점 이론을 활용한 자녀 교육 세미나에 참석하게 되었다. 김 부장은 세미나가 진행되는 도중에 밖으로 나가서 집에 전화를 걸었다. 세미나가 끝난 후 아브라함에게 이렇게 말했다.

"아들에게 전화하여 지난번 과학 과목에서 높은 점수를 얻은 그것을 칭찬해 주었습니다. 공부만 하지 말고 밖에 나가서 축구도 하라고 강요했던 것에 대해도 사과를 했습니다. 저도 아들을 팔방미인으로 만들려고 했던 것이지요. 세미나를 통해서, 아들이 과학에 몰두하는 것이 매우 좋은 일이라는 사실을 비로소 깨달았습니다."

9. 좋은 성적 앞에서 당연하다는 표정을 지어보자.

아이가 유치원이나 초등학교에서 교사로부터 칭찬을 받고 좋은 성적을 얻었을 때 곧바로 기분이 좋아서 칭찬해 주고 싶은 것은 인지상정이다. 그러나 아이의 두뇌 발달을 바란다면 꾹 참고 당연하다는 듯 흐뭇한 표정을 짓는 것도 좋은 방법이 될 수 있다. 아이뿐만 아니라 어른들도 누구나 칭찬을 들으면 그것으로 만족해 버려 더욱 노력하려는 의욕이 멈추고 마는 경향이 있다.

아이의 지적 성장이 정지하는 것을 방지하기 위해서는 아이가 현재의 성과에 만족하지 않고 보다 높은 목표를 향하여 계속 노력하게 하는 것이 무엇보다도 중요하다. 부모의 당연하다는 표정은 더 높은 목표를 아이에게 보여주는 것이며, 또 "너의 능력이라면 좀 더 좋은 성적을 얻을 수 있다"라는 격려로도 연결된다. 이와 같이 좋은 성과를 오히려 당연시함으로써 '나는 한다면 더 잘할 수 있다'라는 자신감을 아이에게 심어줄 수 있다.

올림픽에서 2위에 오른 선수가 그다음 올림픽에서 드디어 금메달을 목에 걸었다. 그 비결을 묻는 사람들에게 그는 지난번 올림픽 축하연에서 "참 잘했지만 2위에 그쳐서 분했을 것이다."라는 협회 관계자의 격려를 들은 뒤, 이에 커다란 자극을 받아 분발했고, 그 결과 더 좋은 성적을 거둘 수 있었다고 고백했다. 칭찬만 하면 만족감에 빠져 노력하지 않으리라 생각한 지도자의 깊은 배려가 다음 대회에서 금메달을 일궈낸 것이다.

10. 바로 회초리를 들면 아이의 사고는 굳어 버린다.

최근 스파르타식 교육이라는 이름으로 지나치게 엄격한 가정교육을 하고 있는 부모가 상당수 있다고 한다. 부모가 자녀교육에 확고한 태도를 취하는 것은 물론 필요한 일이다. 그러나 이것을 어떻게 오해했는지 아이의 말을 들어 보거나, 말을 해주지도 않고 무조건 매를 드는 부모가 있다는 것은 아이의 두뇌 발달이라는 측면에서는 매우 걱정스러운 일이다.

이 방식의 가장 큰 문제점은 꾸중을 하는 쪽이나 꾸중을 듣는 쪽 사이에 대화가 존재하지 않는다는 점이다. 아무리 감정적이고 심한 꾸중이라도 거기에 말이 통하면 아이는 야단을 맞으면서도 왜 야단을 맞는지를 생각한다. 아무리 이해하기 어려운 말이라도 그 말 한마디 한마디에 아이 나름의 반론의 단서가 주어진다.

그런데 앞뒤를 가리지 않고 매를 들고 야단을 치는 방식은 부모의 일방적인 결론을 절대 반박할 수 없는 육체적인 수단으로 강제하는 것이다. 아이가 이에 대항하려면 명백하게 열세한 체력으로 미미한 반항을 시도하거나 혹은 일방적인 발뺌을 하거나 징징 우는 소리를 낼 수밖에 없을 것이다. 결국 여기에서

완벽한 부모가 아니어도 충분해요

는 설사 말이 되건 안되건 논리적인 대화를 하거나 서로 이해하려고 하는 노력을 한다거나 하는 부모와 자식 간의 상호 관계가 전혀 없는 것이다.

상호 관계가 없는 일방적인 꾸중을 들으면 아이는 무엇을 단서로 해서 생각해야 할지를 모르고 나아가 사고가 빈약한 아이로 자란다. 어떠한 경우라도 아이가 제 생각과 감정을 말할 수 있어야 하고 부모는 이를 장려하고 잘 들어 줘야 한다.

11. 아이를 낮추어 말하는 부모의 겸손이 아이의 의욕을 꺾는다.

당신은 자신의 아이가 다른 사람에게 칭찬을 받거나 인정을 받을 때 어떻게 반응하는가? "예, 아주 머리가 좋은 것 같습니다."라고 말하는 것은 거만하고 경박한 듯하여 "아닙니다. 우리 아이는 아직 많이 부족합니다." "머리가 나쁘니까 노력이라도 해야지요."라고 대답하지는 않는가? 실은 이렇게 아무 생각 없이 내뱉는 부모의 말이 성장하는 아이의 의욕을 꺾고 정말로 부족한 아이를 만들고 마는 것이다.

어느 초등학교 5학년 남자아이의 부모로부터 그 아이의 성적이 신통치 않다는 내용의 상담을 요청받은 적이 있었다. 그 아이를 만나서 놀란 것은 그 아이가 말할 때마다 "어차피 나는 머리가 나쁘니까?"라고 말하는 것이었다. 그래서 부모에게 물어보았더니 아니나 다를까 "그렇게 말하는 것이 겸손한 것 같아서 다른 사람 앞에서는 이 아이는 머리가 나빠서라는 말을 했던 적이 있다."라는 것이었다.

이 예처럼 부모는 겸손해 보이기 위해 아이를 낮추어 말하지만 아이는 부모의 속마음과 짐짓 예의상하는 말을 구별하지 못하기 때문에 그것이 자기에 대한 진실한 평가라고 믿는다. 더구나 절대적으로 신뢰를 하고 있는 부모의 입에서 계속 "우리 아이는 많이 부족해요."라는 말을 들으면 자신도 모르게 암시의 힘에 의해 두뇌의 발달이 지체되는 것이다.

어른이라면 자존심이 상할 때 상대에게 화를 낼 수도 있지만 아이는 그것을 표현하지 못하고 마음속에 담아 둘 수밖에 없다. 그 결과 아이에게 쓸데없는 열등감을 심어주어 마침내는 자기 능력까지 의심하게 되는 것이다. 무언가를 할 때마다 "내가 잘할 수 있을까?"라고 회의를 하고 머뭇거리게 된다면 잘할 수 있는 일마저도 그르치게 되는 것은 당연한 이치이다.

예를 들면 아이가 그린 그림을 보고 "이게 말을 그린 거야? 말이라면 얼굴이 좀더 길어야지. 좀 더 잘 그릴 수 없어?"라는 식으로 툭툭 말을 내뱉는 부모가 있다. 아이가 절대적으로 신뢰하고 있는 부모의 말인 만큼 아이의 기를 죽이는 결정적인 힘을 발휘한다. 결국 아이는 자신의 작품에 대한 자신감을 완전히 잃고 다른 일에 대한 의욕도 꺾이고 만다. 그림뿐만 아니라 떠듬떠듬하는 노래나 미숙한 종이접기라도 아이의 모든 작품이나 행동에 대하여 기를 죽이는 말을하는 것만큼은 피해야 한다.

12. '명령형'보다는 '의문형'이나 '청유형'이 좋다.

어느 사진사가 피아노를 치는 어린아이의 사진을 찍을 때 일이다. 카메라 앵글에 어린이가 알맞게 잡히지를 않아서 쩔쩔매고 있자 그 아이의 어머니가 이렇게 말했다. "애야. 낮은 쪽은 어때?" 그러자 어린이는 낮은 키를 퉁하고 한 번 쳤다. 그것이 바로 사진사가 노리고 있던 앵글에 알맞게 들어오는 모습이라서 덕분에 훌륭한 사진을 찍을 수 있었다.

만약 어머니가 이때 "낮은 쪽을 쳐 봐"하면서 명령했다면 자연스러운 포즈는 찍을 수 없었을지도 모른다. 자녀의 마음을 잘 이해하는 어머니는 청유형으로 훌륭하게 아이의 자주성을 이끌어낸 것이다. 명령이라는 것은 말하자면 상호 대화의 일방통행이다. 아이는 명령하는 그 순간 부모의 말을 들을지는 모르지만, 그것을 이해했다고는 할 수 없으며 요구받은 것을 반사적으로 반복만 하고 있는 경우가 대부분이다.

아이를 자연스럽게 사고하게 하기 위해서는 앞의 어머니처럼 의문형이나 청유형으로 유도하는 것이 효과적이다. 그렇게 하면 부모의 말은 '시킨다'는 강제가 아니라 '스스로 생각하고 행동'하기 위한 유효한 힌트로서 아이의 머리에 저항감 없이 받아들여진다.

아이가 자신이 생각한 대로 되지 않을 때 부모가 최후로 사용하는 상투어가 "너 엄마 말 안 들을래."하는 으름장이다. 당장은 아이가 그 말을 따를지 모르지만, 두뇌의 발달이라는 측면에서 보면 이것은 대단히 바람직하지 못한 말이다. 왜냐하면 이것이야말로 부모의 권위를 강요하려는 일방적인 말이기 때문이다. 이렇게 해서는 아이는 그저 순응하기만 하면 된다는 것밖에 배우지 못하게 된다. 그래서 부모가 권위를 일방적으로 강요하면 아이는 부모가 시키는 대로만 하면 꾸중을 들을 일도 없다는 식의 소극적인 생활 태도를 익히게 돼 스스로 생각하고 판단할 줄 모르는 사람으로 자라게 된다.

13. 아이와 말할 때는 얼굴을 마주 본다.

우리는 흔히 "사람을 낮추어 보며 이야기한다."라든가, "이 사람을 스승으로 우러러본다."라는 말처럼 대인관계를 물리적인 상하의 차이로 표현하기도 한다.

어느 초등학교 선생님으로부터 이런 이야기를 들은 적이 있다. 언젠가 저학년 어린아이가 뭔가를 말하려는 표정으로 선생님의 바짓가랑이를 잡았다. 선생님은 무슨 일인가 하여 아이를 향해 몸을 굽혔다. 그러자 아이는 선생님의 귀를 잡아당겨 선생님의 얼굴이 자신과 같은 높이가 되자 비로소 이야기를 시작했다고 한다.

아이의 처지에서는 항상 어른의 얼굴을 올려다보아야 한다는 불리함이 있었다. 실제로 아이는 물리적으로도 이렇게 위에서 내려다보는 위압감을 느끼고 있었다. 앞 선생님의 이야기에서도 알 수 있듯이 아이가 무의식적으로 갖고 있는 이 불리함을 없애주는 방법으로서 아이의 키 높이까지 몸을 굽혀 주는 것도 의외로 효과를 발휘할 수 있다. 이렇게 해야 비로소 '내려다보거나' '우러러보는' 관계가 아니라 대등한 입장에서 대화가 될 수 있는 조건이 생겨서 아이가 자유롭게 생각하고 이야기할 수 있는 환경을 갖게 되는 것이다.

'눈높이'라는 말이 유행하기 시작한 것은 최근의 일이지만, 사실 우리의 전통적인 육아법에는 아주 옛날부터 이런 교육이 이루어져 왔다. 엄마 등에 업힌 아이는 엄마의 얼굴과 같은 높이에서 어깨 너머로 엄마가 하는 일들을 자세히 볼 수 있었고, 가끔 고개를 돌려 얘기해 오는 엄마와 정겹게 눈을 맞추었던 것이다. 비록 업어 키우지는 않지만 외국 역시 눈높이 교육의 효과를 잘 알고 있는 듯하다. 미국 영화를 보면 아이에게 뭔가를 진지하게 설명하는 장면에서 어른들은 대개 한쪽 무릎을 꿇고 아이 어깨를 감싼 채 눈을 보며 이야기하지 않는가?

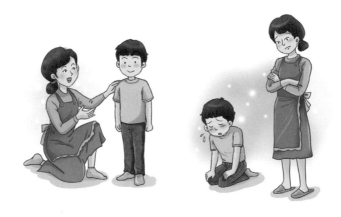

〈그림 2〉 아이 얼굴 올려다 보기

완벽한 부모가 아니어도 충분해요

비슷한 입장이라는 느낌이 들면 누구나 생각하고 있는 바를 자유롭게 이야기할 수 있는 법이다. 그러나 아이를 무릎을 꿇린 채 버티고 서서 훈계하는 부모는 아이에게 위압감만 주게 되고, 거기에는 솔직한 대화란 있을 수 없다. 아이들이 빨리 커서 어른이 되고 싶어 하는 것도 바로 이런 심리적인 불편함을 벗어나기 위해서가 아닐까?

14. 부모가 실수했을 경우 솔직히 인정한다.

아이의 질문에 대답하거나 잘못을 바로잡아 주는 것이 부모의 중요한 역할임은 분명하지만, 항상 부모가 '가르친다.'라는 입장만 계속 취하는 것이 반드시 최상의 방책이라고는 할 수 없다. 왜냐하면 부모는 가르치는 뛰어난 존재이고 자녀는 가르침을 받는 열등한 존재라는 고정관념이 생겨 소극적인 아이가 되고 말기 때문이다.

한 친구가 어느 날 딸아이에게 코알라 인형을 사 주었는데, 아이가 "아빠, 코알라는 어디에 살아요?"라고 묻기에 "응, 오스트리아라는 나라의 숲속, 나무 위에 살아."라고 대답했다고 한다. 그런데 몇 달 뒤 아이는 "아빠가 틀렸어요. 텔레비전에 오늘

코알라가 나왔는데, 오스트리아가 아니고 호주에 산대요."라고 말하더라는 것이다. 그는 민망하기도 했지만, 몇 달이 지났는데도 기억하는 것이 기특해 "응, 그래. 아빠가 틀렸어. 호주가 맞구나."라고 대답했다고 한다.

만일 이때 부모의 권위가 흔들리는 것이 두려워 "아냐. 아빠는 분명히 오스트레일리아라고 그랬어. 이름이 어려워서 네가 잘못 기억하고 있는 거야. 호주가 오스트레일리아야."라고 했다면 아이는 뭔가 개운치 않은 느낌을 갖게 될 것이다. 부모라고 늘 모든 것을 다 아는 것은 아니다. 때로는 어른이 모르는 것을 자신이 바로 잡기도 한다는 자신감이 아이를 성장시키는 자양분이 될 수 있다. 자신의 실수를 솔직히 인정하고 아이의 지적을 받아들이는 부모의 모습이 진정한 교육적 태도가 아닐까?

15. 부모의 고정관념이 아이의 가능성을 가둔다.

부모라면 누구나 아이의 장래에 대해 이것저것 생각한다. 그러나 똑같이 생각한다고 해도 "우리 아이는 의사가 됐으면 좋겠어."라든가, "이 아이는 정치가가 됐으면 좋겠어." "그 대학에 입학시켜서 저 회사에서 일했으면 좋겠어." 하고 아이의 장래 진로

완벽한 부모가 아니어도 충분해요

나 직업까지 아주 상세하게 결정하고 있는 부모라면 좀 문제가 있다.

왜냐하면 부모는 아이 앞에서 말하지 않더라도 "의사가 되려면 열심히 공부해서 사람들에게 신뢰를 받을 수 있는 사람이 되어야 해."라는 생각에서 어떻게 해서든 아이를 장래의 이미지와 연결하려고 하는 경향이 있기 때문이다. 그 결과 부모는 머릿속에서 모든 문제를 이 조건에 따라 검열하여 "이렇게 해라." "저런 아이와 놀면 못쓴다."라고 아이를 일정한 틀에 가두고 만다. 이렇게 해서는 아이가 가지고 있는 가능성이 봉쇄되기 쉽다.

아이가 품고 있는 장래의 꿈이 어떤 때는 비행기 기장이었다가, 조금 지나면 햄버거 가게 주인으로 변하듯 아이가 가지고 있는 능력의 씨앗이 어떤 열매를 맺을지는 아무도 모른다. 다만 부모는 아이가 장래에 무엇이 되건 그것을 실현할 수 있는 능력을 기르도록 최대한 도와줄 수 있는 가장 중요하고도 영향력 있는 위치에 있다. 그러니 부디 아이에게 고정된 이상형을 강요해 아이의 무한한 가능성을 제한하는 어리석음을 범하지 말자.

부모가 보기에 아이가 잘못된 행동을 했을 때 그것이 왜 나쁜가를 아이에게 알리는 것은 생각보다 쉽지 않다. 우선 아이가 왜 그랬는지 알려고 해도 아이에게는 어른을 설득할 수 있는 논리가 부족하다. 역으로 그것을 모른 채 어른이 아무리 아이의 기분이나 논리를 헤아리며 설득을 해도 사실 어른의 논리를 아이에게 주입하는 것밖에는 안 된다.

중요한 것은 개개 사실의 옳고 그름보다는 왜 이 상황에서 그것이 안 되는가를 아이 자신이 진지하게 생각하게 하는 것이다. 이때 부모의 성난 표정이나 슬픈 표정 같은 솔직한 감정의 표현이 설득하는 말보다 더 강한 힘을 발휘하기도 한다. 부모 입장에서 일방적으로 펴는 설득보다는 아이 행동에 대한 부모의 자연스러운 감정의 표현으로 아이 스스로 결론을 내리도록 맡기는 편이 생각할 여지를 남겨두는 결과가 될 수 있다.

제3장

말썽꾸러기를
창의적인 아이로 만들려는
당신에게

요즘 부모들에게 "당신은 아이를 어떻게 키우고 싶습니까?" 라고 물어보면 대부분의 부모는 "반듯하고 착한 아이로 키우고 싶다."고 대답한다. 이런 판에 박힌 듯한 대답 속에는 아주 많은 문제가 내포되어 있다.

'반듯하고 착한 아이'란 부모가 키우기 쉬운 '부모 뜻대로 할 수 있는 아이'라는 의미가 있다. 예를 들어 어떤 부모는 우리 아이가 같은 나이의 다른 아이들과 똑같은 것을 생각하고 똑같은 것을 하면서 놀 때 안심한다. 이것은 다시 말하면 다른 사람과 똑같은 사고방식, 똑같은 발상, 판에 박힌 듯한 행동을 하면 안심이 된다는 뜻이다.

그러나 사람은 각기 얼굴 모양이 다르고 성격이 다르듯이 사고방식도 다른 것은 당연하다. 게다가 앞으로의 시대가 똑같

완벽한 부모가 아니어도 충분해요

은 수준의, 똑같은 발상을 하는 사람보다는 좀 더 독창적이고 차별화된 두뇌를 필요로 한다는 것을 염두에 두어야 한다. 앞으로 점점 더 중요시되는 것은 창의적인 능력이다. IBM의 노트북 씽크패드(Think pad)를 탄생시킨 주역으로, IBM과 삼성전자에서 창의성 선두 주자로 정평이 나 있는 김문기 박사는 이렇게 말했다.

"나는 어릴 적부터 주변 사람들과는 생각과 습관이 달랐다. 혼자만의 시간을 많이 가졌고, 남과 다른 취미생활을 하거나 남이 하지 않는 생각이나 행동을 하여 주변 사람들을 놀라게 한 적도 많았다. 지금 생각해 보면 그것이 창의성 발휘의 시작이었던 것 같다."

부모의 자기중심적인 기대가 우리 아이들을 소위 반듯하고 착한 아이로 만들어서 그들의 창의력을 잠들게 하고 있는 것은 아닐까? 판에 박은 듯한 반듯하고 착한 아이보다는 다른 아이들과는 뭔가 달라 보이는 말썽꾸러기들에게서 오히려 창의력의 풍부한 가능성을 볼 수 있다.

말썽꾸러기에게 풍부한 가능성이 있다.
어떻게 해서 우리나라에 소위 착한 아이로 대표되는 이상상이 생겨났을까? 그 원인 중의 하나가 우리나라의 교육구조이다.

전국 방방곡곡 어떤 곳을 가더라도 똑같은 교육을 받는다는 점에서는 세계에 자랑할 만한 교육구조이지만, 개성적인 능력, 창의적인 능력을 길러야 한다는 관점에서 본다면 답답하고 걱정스러운 일이다.

교육부에 의해서 교육과정, 교과 지도 요령이 결정되고 전국적으로 획일화된 일제 수업방식 아래 모든 아이가 똑같은 능력을 갖추고 의무 교육과정을 수료하는 것이 기본적인 이념이 되어 있다. 이에 비해서 미국에서는 학교마다 실로 다양한 교육원리가 채택되고 있다. 또 학교장의 권한이 상대적으로 강해서 각각의 학교마다 갖고 있는 독특한 교육방침이 매우 존중되고 있다. 그렇기 때문에 개개의 학교가 아주 개성적이다. 자유방임에서부터 스파르타식 교육방식까지 모든 교육방침이 있다고 해도 과언이 아니다. 부모는 그러한 다양한 학교 중에서 자녀의 특성에 맞는 학교를 직접 선택하는 것이다. 미국뿐만 아니라 유럽에서도 이러한 교육적인 풍토는 아이의 개성을 신장시키고 창의적인 능력을 발전시키는 데 있어서 매우 중요한 의미가 있다.

이 장의 제목인 '말썽꾸러기에게 풍부한 가능성이 있다'라는 말을 역설적인 말로 이해하는 사람도 많을 것이다. 그러나 이것은 특별히 삐뚤어진 시각도, 이상한 말도 아니다. 사실 반항적인 아이, 장난을 치는 아이, 감정적인 아이일수록 창의적 능력을 발휘할 가능성이 높다는 것은 주변에서 흔히 볼 수 있다.

창의적 능력이란 지금까지 다른 사람들이 생각하지 못했던 것, 시도해 보지 않았던 것을 자신의 머리로 생각하고 만들어 내는 능력이다. 이러한 능력을 갖추고 있는 아이를 부모가 타이르는 것을 듣지 않는다면 말썽꾸러기 아이로 보이는 것은 오히려 당연하다. 그러나 그렇다고 해서 부모의 책임을 방기하고 내버려두어도 좋다는 말은 아니다. 이 장에서는 이러한 경우에 어떻게 하면 아이의 개성을 존중하고, 나아가 그 능력을 신장시킬 수 있을까를 생각해 보기로 한다.

16. 너무 착실한 아이가 오히려 위험할 수 있다.

"우리 집 아이는 툭하면 부모에게 대들고 타이르는 것을 얌전하게 듣지 않아요. 이런 데도 공부를 제대로 할 수 있을까요?"라는 부모님의 걱정을 들을 때가 있다. 하지만 조금 넓은 안목으로 아이의 장래를 생각해 볼 때, 이런 걱정은 하지 않아도 된다는 생각이 든다.

독일의 심리학자 헤처는 2세에서 4, 5세 사이에 강한 반항기를 거치는 아이들과 그렇지 않은 아이 10명씩을 청년기까지 추적하여 조사해 보았다. 그 결과 반항이 심했던 아이의 84%는 의지가 강하고 자신의 판단으로 사물을 보는 젊은이로 성장한 데 반하여 반항이 없었던 아이들 중에서는 이렇게 성장한 청년은 불과 24%뿐이었다고 한다. 그들 중 대부분은 자신의 판단으로 일을 결정할 수 없는 타인 의존형 인간이 되어 있었던 것이다.

특히 이 조사에서도 나오는 2세에서 4, 5세 시기는 앞서 이론 편에서 살펴본 바와 같이 에릭슨의 주도성 대 죄의식 단계, 피아제의 전 조작기로, 아이에게 자아가 싹트는 시기이고, 자기 머리로 생각하고 결정하는 능력이 생기기 시작하는 때이다. 이 시기에 아이의 반항을 억압한다거나 반대로 반항의 원인을 아예 없애려고 아이의 요구를 미리 알아서 들어주면 아이는 오히려 자신의 머리로 사물을 사고하는 능력을 키울 수 없게 된다.

프랑스의 가정에서는 의도적으로 아이가 부모와 다른 사고를 하도록 지도하는 전통이 있다고 하는데, 이러한 방식은 아이의 발달 심리를 잘 파악한 방식이라고 할 수 있다. 반듯하고 착한 아이만을 바라는 부모의 마음은 또 다른 이기심이 아닐까?

당신은 자신의 아이가 언제나 착실하게 공부하고 좋은 성적을 얻는다고 해서 안심하고만 있지 않은가? 물론 당장은 기쁜 일이다. 그러나 아이가 단지 부모님이나 선생님에게 칭찬을 받기 위해 공부하는 것이라면 그 결과는 그리 기뻐할 만한 일만은 아니다. 다른 측면에서 보면 '칭찬을 받고 싶다'는 마음 때문에 열심히 공부하는 아이는 자주성이 결여되어 자칫 성적이 떨어지기 시작하면 걷잡을 수 없을 속도로 추락하는 경향이 있다.

정리하자면 아이가 언제나 얌전하다거나 착실하게 공부한다고 해서 좋아만 할 일은 아니다. 그러한 아이는 착한 아이라는 가면을 쓰고 있는 것일 수 있다. 그것을 간파할 수 있는 눈을 부모나 교사가 가지지 있지 못하면 정말 위험하다.

17. 엉뚱한 아이야말로 성공할 가능성이 높다.

발명왕 에디슨의 어머니에 대한 일화를 알고 있는가? 에디슨은 소년 시절에 아주 엉뚱한 아이였다. 학교 공부는 형편없고, 교사의 말도 듣지 않고, 친구들과 잘 어울리지도 못하는 아이였다. 이러한 에디슨을 오로지 한 사람, 경제적으로는 어려웠지만 항상 따뜻하게 돌봐준 사람이 어머니였다. 에디슨이 열등생 취급을 당하는 것은 그의 관심과 생각하는 바가 학교 선생님이나 친구들의 사고와 너무나 다르기 때문이라는 것을 에디슨의 어머니는 직감적으로 알고 있었던 것이다.

이 예가 아니라도 사회에서 크게 성공한 사람들은 어릴 때부터 다소 '엉뚱한 아이'의 요소를 지니고 있었다. 그들의 머릿속에는 어느 사이에 타인과 똑같은 것을 무의식중에 거부하고 조금이라도 타인과 다른 것을 생각하려는 사고방식이 싹터 있었던 것이다.

조직에서 창의적인 일을 하고 있는 사람들은 다른 사람과 자신이 같은 의견이라는 것을 알면 그 때는 적극적으로 발언하지 않는다. 그러나 회의에서 의견이 한 방향으로 기울어지면 찬물을 끼얹듯이 다른 의견을 외치고 나서는 것이 이들이다. 아이의 엉뚱한 말이나 행동을 부모의 판에 박힌 생각으로 무시하거나 나무라기보다는 때때로 아이와 함께 엉뚱한 생각에 빠져 보는 것도 아이를 이해하고 육아하는 데 필요한 자세라 할 수 있다.

18. 어른의 논리로 아이들의 의견을 억누르지 않는다.

억지를 부리는 사람은 어른들의 세계에서도 '고집불통'이라든가, '꽉 막힌 사람'이라고 하여 환영받지 못하는 경우가 많다. 그렇지만 아이가 뭔가를 우기는 때에는, 부모가 보기에 그것이 억지라고 판단되어도 기꺼이 진지한 태도로 관심 있게 들어주는 것이 현명하다.

왜냐하면 아이들의 억지는 나름대로 이치에 닿게 생각하려는 마음의 또 다른 표현이기 때문이다. 어른들이 이해할 수 있는 말과 행동만 한다면 그건 어른이지 아이가 아니다. 또 아이가 어른과 같은 수준의 논리를 갖고 있으리라고 기대할 수도 없는 노릇이다. 그런데 부모가 "저 아이는 원래 고집불통이니까."라는 식으로 아이를 대한다면, 아이는 더 이상 자기 사고의 폭을 넓혀 나갈 의지 자체를 잃어 버리게 된다.

우리 아이는 다른 아이보다 조금 유별날 뿐이라고 생각하면 될 문제를 심각하게 만드는 것은 바로 부모 자신일 수 있다. 자신의 주장이 전혀 받아들여지지 않는다거나, 다른 형제에 비해 눈에 띄게 무시되고 있다는 느낌을 받게 되면 아이는 점점 더 외골수가 되어 거친 성격으로 자랄 수 있기 때문이다. 생떼를 쓰지 말라고 무조건 야단을 치거나 아이의 말을 어른의 논리로 억누르려고 하는 부모의 태도야말로 아이를 망치는 지름길이 될 수 있다.

19. 거짓말을 하는 아이가 상상력이 있는 아이다.

"엄마, 오늘 코끼리를 탔어."라고 밖에서 돌아온 아이가 어머니에게 그럴듯하게 말한다. 어머니가 즉각 "거짓말하지마. 얘는 톡 하면 거짓말이야."라고 면박을 준다. 이런 광경은 어린아이가 있는 가정에서는 아마 매일 같이 반복되고 있을 것이다.

발달심리학의 통계에 의하면, 일반적으로 아이는 세 살 경부터 거짓말을 하기 시작하여 초등학교 2, 3학년 경에 가장 심해진다고 한다. 거기에도 개인차가 있어서 거짓말을 조금 하는 아이도 있지만 아주 심하게 하는 아이도 있어서 부모들을 걱정하게 만든다. 그러나 아이의 지적 능력의 관점에서 본다면, 자신의 아이가 거짓말을 많이 한다고 해서 걱정할 필요는 없다. 거짓말을 하는 아이일수록 오히려 거짓말을 안 하는 아이보다도 창의력이 높다는 것이 심리학적으로도 증명이 되고 있다.

왜냐하면 거짓말을 하는 것은 자신이 경험도 하지 않은 것을 마치 경험한 것처럼 이야기할 수 있는 능력, 즉 언어와 행동을 분리할 수 있는 능력이 갖춰져 있다는 것이며, 무에서 유를 만들어내는 창의적 능력과 불가분의 관계에 있기 때문이다. 즉 거짓을 꾸밀 수 있는 아이는 그만큼 창의력이라는 면에서 커다

완벽한 부모가 아니어도 충분해요

란 소질을 갖고 있을 가능성이 있다.

더욱 중요한 것은 아이의 말이 거짓말이 아니라는 사실이다. 아이 나름대로는 그렇게 말하는 근거가 있는 것이다. 어머니가 "어디서 탔는데?"하고 물어보았더라면 이내 알 수 있었을 것이다. 아마 학교 옆 공원에서 석상 코끼리를 탔거나, 학교에서 그림 코끼리를 타는 흉내를 냈을 것이기 때문이다. 적어도 거짓말을 하는 아이는 나쁜 아이라고 단정하고 바로 야단쳐서 아이에게서 창의적으로 사고할 기회를 빼앗는 부모는 되지 말자는 것이다.

20. 아이는 잘못했을 때 더욱 깊이 생각한다.

어떤 도구의 작동 방법을 몰라서 잘못 사용할 때와 올바르게 잘 사용하고 있을 때 중, 두뇌는 잘못하고 있을 때 더욱 활발하게 움직인다고 하면 여러분들은 놀랄 것이다. 올바른 사고란 정해진 틀에 재료를 넣어서 나오듯이 정형화된 두뇌활동으로 이해하는 사람이 제법 많다. 이런 정형화된 두뇌활동을 심리학에서는 재생적 사고라고 부르고 있다. 이것과 달리 생산적 사고는 항상 새로운 방식 그 자체를 찾아내는 두뇌활동이다. 부족함이 있더라도 오히려 아이가 생산적 사고를 하고 있다고 생각하고 짐짓 모르는 척 기다려 주는 것도 필요하다.

아이가 블록이나 조립용 장난감을 가지고 뭔가를 만들 때 일부러 틀리게 끼워 놓아보자. 그러면 아이는 자신이 생각했던 모양을 만들기 위해 이리저리 궁리하게 되고 생각할 기회를 더 많이 얻게 된다. 이렇게 우리 자녀들은 섣부른 성공보다 시행착오를 통해 더 많은 것을 배운다.

사람은 필요한 것이 넘치고 부족함이 없게 되면 정신적으로 태만하게 되고 생각할 의욕을 잃는다고 한다. 아이들에게 만약 모자란 것이 있다면 그것이 생각할 기회가 된다. 장난감이 없으면 뭘 하고 놀아야 할지 모르는 요즘의 아이들은 지나친 풍요로움 때문에 상상력을 빼앗겨 버린 것인지도 모른다. 모든 것이 갖춰져 특별히 생각하거나 고민하지 않아도 되는 아이들이라면, 뭔가를 채우고자 하는 욕구 또한 그리 강하지 않을 것이다. 그러나 만약 무언가 부족하다면 아이는 부족한 것을 채우기 위해 한 번 더 생각하게 되고, 이러한 과정을 되풀이하면서 부족한 것을 채우는 방법을 깨달아 결국에는 더욱 의욕적으로 행동하게 될 것이다.

21. 마음껏 실수를 경험할 수 있는 자유를 준다.

"옆집 아이는 하루가 다르게 문제를 잘 풀고 있는데, 우리 아이는 틀리기만 하고 진전이 없다."라고, 걱정하는 부모는 없는지? 실은 이런 아이야말로 갑자기 비약적으로 성장할 가능성이 있으니, 앞에서 말한 것처럼 아이에게 맘껏 오류를 경험하게 해 주라고 말하고 싶다.

미국의 심리학자 오즈러 등은 아이들이 사물을 배워가는 유형을, 처음에는 급속하게 진행되지만 중간 어느 시점부터 오류가 좀처럼 줄지 않는 유형, 처음에는 오류투성이지만 중간부터 갑자기 오류가 줄어드는 유형, 처음부터 마지막까지 변하지 않는 유형 등의 세 가지로 대별하면서, 첫 번째 유형을 완만 학습자, 두 번째 유형을 비약 학습자라고 이름을 붙였다. 그런데 이 두 유형 중 비약 학습자 중에 지능지수가 높은 아이가 많다고 한다. 더구나 이러한 경향은 6세부터 10세, 14세로 나아감에 따라서 현저해지고 있다고 했다.

그것은 비약 학습자에게는 오류를 범하는 과정에서 잠재학습을 할 기회가 풍부하게 주어지기 때문일 것이다. 예를 들어 똑같이 올바른 길을 발견하는 데에도 여기저기 마구 헤매다가 발견하는 아이와 우연히 수월하게 발견한 아이가 있다면, 많이 헤맨 쪽이 더욱 확실하게 지식을 얻는 것과 같은 이치다. 즉 시행착오의 과정에서 문제의 전체 구조를 파악하여 같은 오류에 두 번 다시 빠지지 않을 뿐만 아니라 그 과정에서 파악한 구조를 능숙하게 응용할 힘도 생기는 것이다. 많은 오류를 해결하는 과정에서 교육학자 브루너가 말하는 지식 그 자체뿐만 아니라 지식의 구조까지 파악하였기 때문이 아닐까?

22. 의문이 많은 아이가 발전한다.

초중학교에서 소위 우수하다고 하는 아이는 대개 이해가 빠르고, 문장도 한 번만 읽고 즉시 이해하고, 문제해결 속도도 빠르다. 이에 반해 문장마다 일일이 생각하고, 문제 속에서 또 다른 문제를 느끼고 앞으로 나아가지 못하는 아이가 종종 있다.

학교 성적은 전자 쪽이 좋을지 모르지만 실제로 사회에 나와 큰 일을 하는 사람들은 후자 유형에게 많다고 한다. 상대성 이론으로 유명한 아인슈타인도 "문제를 발견하는 것은 그것을 푸는 것보다 더 본질적이다."라고 했듯이, 의문이나 질문이 많은 아이야 말로 그 자체를 평가해 주고 격려해 주어야 하지 않을까? 의

완벽한 부모가 아니어도 충분해요

문을 발견하는 두뇌야말로 성장할 수 있는 두뇌인 것이다.

다음은 어느 중학교 수학 선생님의 이야기이다. 그 선생님은 매시간 기본적인 설명을 마친 후, 이렇게 물었다. "질문 있나? 없으면 이것으로 끝내겠다. 그래도 괜찮을까?" 처음에는, 아이들은 수업이 채 반도 끝나지 않은 때라 당황하기 일쑤였다고 한다. 선생님의 속내는 일부러 중요한 사실을 빼고 아이들의 질문을 재촉하고 있었던 것이다. 그래서 학생들에게서 질문이 나오면 문제를 잘 풀었을 때보다 더욱 기쁜 표정을 지으며, "그래 참 좋은 질문이구나. 아주 훌륭해." 하고 칭찬해 주었다고 한다. 그러자 학생들은 앞다투어 문제점을 찾게 되고, 수학에 흥미를 느끼게 되고 수학을 좋아하는 학생이 넘쳐나게 되었다고 한다. 이렇게 의문을 발견할 수 있는 두뇌야말로 성장할 수 있는 두뇌가 아닐까?

23. 자주 실수하면 생각할 기회도 많다.

저녁 설거지를 도와달라고 하면 그릇을 깨고 시험을 보면 틀릴 것 같지 않은 문제도 자주 틀린다. 이렇게 실수만 하는 아이를 보면서 골머리를 앓는 부모가 적지 않다. 그러나 실패를 두려워하는 부모의 도움을 일방적으로 받으며 언제까지나 안전한 길만 걷는 아이에 비하면 오히려 이런 아이의 장래가 더 밝다.

타인에게 들어서 알게 된 지식이나 기술보다는 스스로 생각하면서 깨달은 지식이나 기술이 훨씬 자신의 것이 되기 쉽다는 사실은 더 말할 나위가 없다. 설령 처음에는 실수가 있다고 해도 아이는 그 실수를 통해서 뭔가를 배우고 응용력이 있는 유연한 두뇌를 자기의 힘으로 키워간다. 실패를 두려워하여 아이로부터 기회를 빼앗아버리면 어른들이 보기에는 당장은 우수한 아이로 보일지 모르지만 결국은 자신의 머리로 생각할 줄 모르는 사람으로 자라날 위험성이 있다.

"남에게서 배운 것과 자신이 실패를 통해서 배운 것은 그 가치가 다릅니다. 똑같은 것이라도, 그것이 다른 사람에게서 배운 것과 설령 답이 같더라도 훗날 이용가치가 크게 차이가 납니다." 맨주먹으로 출발해 세계적인 오토바이 회사를 설립한 일본 혼다 회장의 말이다.

24. 장난꾸러기일수록 창의력이 풍부하다.

'장난꾸러기로 기르자'를 교육목표로 내건 유치원이 있다. 여

완벽한 부모가 아니어도 충분해요

기서는 아이들이 의자를 부수건, 친구들과 놀다가 다투건 다치지만 않는다면 너그럽게 바라봐 준다고 한다. 요즘 부모들이 이런 이야기를 들으면 아이를 방치하는 것이 아닌가 하고 눈살을 찌푸리겠지만, 사실은 이 교육목표야말로 '창의적인 아이로 키우자'는 말과 같은 의미이다.

흥미를 느끼지 않는 대상을 가지고 장난을 치는 아이들은 없다. 흥미란 다시 말해 어떤 자극을 해주었을 때 반응이 어떨까 하는 호기심을 가지고 있다는 말이다. 결국 아이들에게 있어서 장난은 창조의 씨앗이며, 자아가 확립되어 가는 증거이기 때문이다. 이 창조의 씨앗을 소중하게 키우고 자아를 존중해 주어야 비로소 아이의 두뇌도, 마음도, 몸도 쑥쑥 자라갈 것이다. 따라서 장난을 무조건 금지하는 것은 모처럼 자라나고 있는 창의력의 씨앗을 부모가 뽑아버리는 셈이다. 교류 분석 심리학 중 핵사그램 모델[1]에 의하면 유희형 아이들이나 행동형 아이들은 다른 유형의 아이들에 비해 기존과 다른 행동을 가능성이 높다고 한다. 그래서 유희형 아이는 장난이 심하고 반항적이다, 행동형 아이는 영악하고 자기중심적이다 라는 이야기를 듣게 된다.

---

1) 교류분석 심리학 중 핵사그램 모델에서는 아이의 유형을 상상형, 행동형, 신념형, 유희형, 감성형, 몰입형, 여섯 가지로 구분한다. 아이들과 대화하는 6가지 통로《즐거운 교실》이라는 책자를 참고하라.

〈그림 3〉 쌍둥이 남매 놀이터가 된 거실

25. 낙서는 아이의 창의력을 풍부하게 한다.

언젠가 화가인 지인으로부터 이런 이야기를 들은 적이 있다. 그는 그림을 그리면서, 또 한 편에서는 아이들에게 그림을 가르치고 있었다. 그는 처음 아이를 가르쳐 달라는 신청이 오면 부모에게 특별한 조건을 제시한다. 그림을 배우기 시작하면, 아이가 방이나 복도에 어떤 낙서를 하건 화내지 말 것을 부모가 약속할 수 있는지를 물어보고, 이 조건이 받아들여지면 아이를 맡는다

완벽한 부모가 아니어도 충분해요

고 한다. 낙서를 할 수 없는 환경에서는 아무리 가르쳐도 아이가 독창성 있는 생생한 그림을 그릴 수 없기 때문이라는 것이 오랫동안 아이를 가르쳐 온 그의 지론이기 때문이다.

말하자면 낙서 권장인데, 이것은 극단적인 예라고 하더라도 낙서가 아이 창의력의 건전한 표현인 것은 분명하다. 특히 언어로 자신을 자유롭게 표현할 수 없는 아이로서는 자신의 마음이 내키는 대로 어떤 형태를 표현하고 싶어하는 욕구가 있는 것은 당연하며 그것이 곧 창의력의 싹인 것이다. 따라서 낙서를 나쁘다든가 골치 아픈 것으로 여기는 부모가 있다면 재고하기를 바란다. 오히려 더욱 적극적으로 권장해도 좋을 것이다. 온 집안을 개방하는 것이 어렵다면 커다란 낙서종이를 만들어 주는 정도의 배려는 있어야 할 것이다.

밤양갱이라는 신곡으로 음원 차트 1위에 오른 가수 비비는 어렸을 때 ADHD로 많은 어려움을 겪었다고 한다. 지난 2022년 SBS 〈꼬리에 꼬리를 무는 그날 이야기〉에서 비비는 "저는 신뢰 받지 못한 아이였다. 갑자기 떠오르는 선생님 한 분을 생각하면 울컥한다."라고 말하며 눈시울을 붉혔다. 그녀는 "6학년 때 ADHD 증세로 수업에 집중하지 못했다. 하지만 한 선생님이 제가 교과서에 그린 낙서를 보면서 "이 낙서는 어떤 그림일까?"라고 물어봐 주셨다. 보통은 "이거 왜 낙서했어?"라고 하지만…"

라며 말을 이었다. 비비는 "한 사람만 믿어주면 삐뚤어지지 않을 수 있을 것 같다."라며 선생님께 감사를 표했다.

26. 길을 자주 잃어버리는 아이야말로 장래성이 있다.

보통 대부분의 부모는 '착한 아이'란 곧 '부모에게 걱정을 끼치지 않는 아이'라고 생각하는 것 같다. 이것도 한 편으로는 맞는 말이긴 하지만, 반대로 '부모에게 걱정을 끼치는 아이'는 '나쁜 아이'라고 말할 수 있을까? 아이가 항상 눈앞에서 놀고 있어야 비로소 마음이 놓이는 것은 어린아이를 키우는 부모의 당연한 마음일지도 모른다. 그렇다고 부모의 안심을 위해서 아이의 행동을 제한하거나 자기 마음대로 행동하고 싶어 하는 아이를 '나쁜 아이'라고 치부하는 것은 맞지 않는다.

예를 들어 부모가 조금만 눈을 떼면 곧 미아가 되는 아이는 그러한 '나쁜 아이'의 대표선수 격이 될 것이다. 그러나 생각을 달리하면 이 아이야말로 많은 가능성을 감추고 있다. 첫째로 미아가 되는 아이는 호기심이 강하고 자기 마음에 드는 곳을 선택할 수 있는 능력을 갖고 있다고 볼 수 있다. 둘째로 일단 흥미를 느끼면 그 한 가지에만 집중하는 유형의 아이일 수도 있

완벽한 부모가 아니어도 충분해요

다. 물론 항상 부모에게 매달려 있으면 미아가 될 까닭이 없지만 말이다.

보통 집중력, 지속력, 독립심이 있는 아이일수록 미아가 되기 쉽다고 한다. 이렇게 생각해 보면 미아가 되는 아이는 '나쁜 아이'가 아니라 오히려 '장래성이 있는 아이'라고 말할 수 있을 것이다. 따라서 이런 아이들은 그저 행동을 제한하기보다는 이런 아이의 특성을 이해하고 더 많은 관심을 기울이고 미아가 되지 않도록 보호해야 한다.

27. 혼자 있고 싶어하는 아이에게도 풍부한 가능성이 있다.

유치원 같은 곳에서 아이들이 10명 또는 20명 정도 모여서 뭔가 집단행동을 하고 있으면 그 중에게는 다른 아이들과는 다른 행동을 하고 싶어 하는 아이가 한두 명 꼭 있다. 말하자면 집단행동을 싫어하는 아이인데, 다른 아이들이 모두 노래를 부르고 있을 때 혼자서 그림을 그리고 있는 아이가 있다면 교사나 부모의 고민거리가 아닐 수 없을 것이다. 그뿐만 아니라 집단생활을 못 하는 아이는 사회성이 없는 아이로 성장하는 것은 아닌가 하고 큰 걱정을 한다.

그래선지 '집단행동을 못 하는 아이는 문제가 있는 아이이 므로 하루빨리 고치지 않으면 안 된다.'라는 사고방식을 갖고 있 는 부모들이 대부분이다. 그렇다고 해서 아이들에게 일률적으 로 집단행동을 시켜도 좋은 것일까? 그렇지 않다. 오히려 아이 들을 집단행동 속에 동화시키기보다는 집단 속에서 독자적인 활동을 할 수 있는 능력을 키워주는 것도 필요하다고 생각한다.

대부분의 선진국에서 집단행동을 강제하기보다는 개개인의 능력을 신장시키고자 하는 교육방침이 채택되고 있는 것도 아 이들의 미래에 대한 배려가 있기 때문이다. 프랑스를 비롯한 서 구의 유치원에서는 집단적으로 또 같은 것을 가르치고 배우는 방식을 지양하고 아이들이 하고 싶어하는 일을 스스로 선택하 게 하는 방법을 취하고 있다. 미국의 유치원에서도 마찬가지였 다. 이러한 사례들은 집단행동을 못하는 아이를 낙오자로 보는 것이 잘못된 시각임을 보여주는 좋은 예이다.

교류분석 심리학중 핵사그램 모델에서는 상생형의 아이들 이 학교생활에서 선생님이나 다른 아이들과 같이 어울리지 못 하고 외톨이가 되는 경우가 많다고 한다.

완벽한 부모가 아니어도 충분해요

28. 말로 하는 싸움은 논리훈련이 된다.

아이란 둘만 모이면 우선 싸움부터 시작하는 법인데, 부모는 무조건 싸움을 말리고 싶어한다. 그러나 아이들은 싸움을 하면서도 곧바로 각자 나이에 맞는 해결책을 자신의 머리로 생각하고 찾아낸다. 아이의 두뇌 훈련에 있어서 싸움은 둘도 없는 수련장이 될 수 있는 데 그것을 금지하면 자연스러운 성장이 방해를 받을 수도 있다. 아이에게 으레 있기 마련인 싸움도 이렇게 말씨름의 형태로 하면 더없이 훌륭한 사고훈련의 장이 될 수도 있다. 이것은 사물을 끝까지 따져 들어가는 태도를 기르는 데 있어서 토론이 중요한 역할을 하기 때문이다. 물론 아직 토론이라고 할 정도로 차원 높은 사고활동을 할 수 없는 아이에게 곧바로 그런 수준을 요구하는 것은 무리일 수도 있다.

이때 생각할 수 있는 것이 '프랑스의 어린이 싸움 방식'이다. 프랑스의 가정에서는 아이끼리 말싸움을 시작하면 부모는 매우 재미 있어 하며 그 싸움에 끼어든다. 아이싸움에 부모가 나서는 것은 우리나라에서도 마찬가지지만 그 방식이 다르다. 우리는 양쪽 모두를 달래면서 중재하려고 하지만, 프랑스에서는 주먹다짐을 하는 싸움은 당연히 말리지만 말싸움의 경우에는 양쪽에게 마음껏 말을 하게 한다. 말하자면 '말씨름'을 장려하는 셈인데, 서로 지지 않으려고 열심히 머리를 회전시키며 말하는 것을 보면, 제법 진지하다고 한다.

29. 아이가 난폭한 말을 했다고 해서 무조건 야단치지 않는다.

어느 날, 밖에서 놀던 아이가 들어와, "철수 그 자식 나쁜 놈이야. 병신 같은 게."라고 말한다면 아마도 대부분의 부모는 놀라서 기겁할 것이다. 그러나 '못된 버릇은 빨리 고쳐야 한다'는 생각에 호되게 꾸짖으면, 아이는 오히려 더 거칠게 변할 수 있다. 에릭슨에 의하면 4-5세 정도의 아이들은 자기중심적이기 때문에 여럿이 어울리다 보면 공격적으로 되어 싸우고 욕도 한다. 그러나 말이란 이렇게 사회를 경험하면서 얻는 결과물이 아니던가? 그러니 결국 아이의 욕은 그만큼 아이의 인간관계 폭이 넓어졌다는 증거도 된다.

환경이 바뀌면서 친구나 텔레비전을 통해 나쁜 것을 많이 배우게 된다. 그렇다고 아이들이 악의를 가지고 욕하는 것은 아니다. 처음에는 대부분 잘 모르면서 상황에 따라 흉내 내거나 재미 삼아 하기도 하고, 몹시 화가 났다는 아이의 단순한 감정 표현일 수도 있다. 그런데 이를 보고 부모가 심하게 꾸짖는다면 아이는 일부러라도 욕을 하거나 실제로 더 거칠어질 수 있다.

그냥 내버려두어도 좀 자라면 그것이 상스러운 표현이라는 것을 스스로 이해하고 쓰지 않게 된다. 그래도 '세 살 버릇 여든까지 간다'는 속담처럼 고운 말을 쓰는 습관을 들이기 위해서는 우선 어른들이 모범을 보여야 한다. 아이가 욕할 때는 혼내기보다 무관심한 태도를 보이되, 고운 말을 사용하면 칭찬해 주는 식으로 자연스럽게 올바른 언어습관을 길러주어야 한다.

30. 아이에게는 장난감은 부수는 것이다.

신기한 물건을 보면 아이들은 호기심을 가지고 망가뜨리기 일쑤이다. 이때 '망가뜨리는 방법'을 조금만 가르쳐주면 뜯고 조립하는 과정에서 아이는 스스로 두뇌 훈련을 하게 된다. 장난감 하나라도 항상 소중하게 사용하는 아이를 착한 아이의 표본처럼 생각할지도 모르지만 소중하게 간직하는 것에만 신경을 쓰는 것은 아이들의 지적 발달에 좋지 않다는 것을 말해두고 싶다.

왜냐하면 조금 복잡한 장난감일 경우 아이들은 항상 "왜 움직이지?" "이 속에 무엇이 들어 있지?" 하는 지적 호기심을 갖게 되기 때문이다. 따라서 장난감을 제대로 '부수는 방법'을 조금만 가르쳐주면 단순한 호기심 충족 이상의 유효한 두뇌 훈련을 할 수 있다. 그저 두들겨 부수거나 조각을 떼어내서 새롭게 나타나는 형태만으로도 흥미를 불러일으킬 만하지만, 그때 조금 더 충고해 줘서 다시 조립하는 방법을 생각하게 하는 것이다.

부서지기 전의 장난감은 완성품, 즉 논리로 말하자면 '결론'이다. 이 완성품을 껍질 벗기듯 하나하나 벗겨가는 것은 마치 논리의 '과정'을 거꾸로 밟아가는 것과 같다. 즉 하나의 장난감은 '논리' 그 자체인 것이다. 따라서 보다 효율적으로 결론에 다다르기 위해서는 어떠한 논리 과정을 밟아야 할까 등을 생각하는 사고 훈련이 될 수 있다.

31. 좋은 머리와 좋은 성격은 다르지 않다.

"우리 집 아이는 머리는 조금 떨어지지만 마음씨가 고운 것이 장점이죠."라는 식으로 자랑스럽게 이야기하는 부모가 있다. 그런가 하면 반대로 "저 아이는 머리는 좋은데 성격이 문제야"라는 말도 자주 듣는다. 결국 머리의 좋고 나쁨과 고운 마음씨나 배려와 같은 성격과는 전혀 별개의 것이라는 생각이 통용되고 있는 것이다.

그러나 이러한 말은 대부분의 부모가 스스로를 위로하려는 말이거나 좋은 두뇌에 대한 잘못된 생각에서 나온 것으로서 사실은 아무런 근거가 없다. 배려나 다정함과 좋은 두뇌는 별개의 것이 아니라 동전의 앞 뒷면과같이 동일한 것이라고 할 수 있다. 왜냐하면 다정함이라든가 배려는 타인의 입장에 서서 사물을 생각해야 비로소 생기는 것이므로 머리가 나쁜 아이에게는 결코 생길 수 없는 것이기 때문이다.

상대방이 지금 무엇을 바라고 있는가, 어떻게 생각하고 있는가 등 미묘하게 드러나지 않는 상대방의 마음을 재빨리 알아내어 그것에 맞게 행동하는 것이 배려이다. 그렇게 하기 위해서는 관점을 전환하고 상상력을 최대한으로 발휘하지 않으면 안 된다. 이러한 어려운 작업을 제대로 해낼 수 있다면 벌써 그것만으로도 머리가 좋다는 충분한 증거가 된다.

머리가 좋은 것과 공부 잘하는 것을 곧바로 결부시켜 자기밖에 모르는 책벌레라는 이미지를 갖기 쉽지만, 이것은 큰 오해이다. 배려심이 있는 아이를 키우는 그것과 머리가 좋은 아이를 키우는 것은 다른 것이면서도 결과적으로 같은 것이다.

제4장

아이 성장을 위한
환경을 만들고 싶은
당신에게

아이에게 환경이 얼마나 중요한가를 설명하기 위해서 자주 인용되는 사례가 있다. 인도에서 발견된 늑대 소녀의 이야기가 바로 그것이다. 이 소녀는 태어나자마자 늑대무리 속에서 키워져서 8세쯤 되었을 때 발견되어 인간 사회로 돌아왔지만, 말하는 것은 물론 두 다리로 서는 것조차 할 수 없었다고 한다. 이 이야기는 물론 극단적인 예이지만 아이가 성장하여 말을 배우고 문자를 깨우쳐 가는 데 있어서 환경이 크게 작용한다는 그것은 두말할 필요도 없다.

이런 사례도 있다. 미국에서의 일이다. 새하얀 시트, 하얀 플라스틱 벽, 하얀 천장 등 온통 흰색으로만 꾸며진 조용한 방에서 자란 아기들을 두 그룹으로 나누어 그 절반을 이번에는 반대로 색상도 다양하고 장난감도 많은 어수선한 방으로 옮기자, 몇 주후에 흰 방에 있는 아이보다 두뇌가 현저하게 발달하였다는 것이 밝혀졌다고 한다. 이 예는 잡음이나 색채와 같은 자극 역시 아이의 지능 발달에 큰 영향을 준다는 것을 여실히 보여주고 있다.

머리의 좋고 나쁨도 '유전보다는 교육'하기 나름이다.

환경과 아이 지능의 깊은 관련이라는 문제를 좀 더 넓게 생각할 때 자주 떠오르는 것이 미국에서부터 거론되었던 문화적 박탈[1]이라는 개념이다. 지금은 많이 달라졌지만 과거 미국의 흑인 저소득층 자녀들은 초등학교에 들어가도 수업을 제대로 받지 못하는 아이가 많았다고 한다. 가정 환경이 문화적인 조건을 충분히 제공해 주지 못하였기 때문이다.

이렇게 가정 환경의 문화적 차이 때문에 학업이 뒤떨어지는 아이도 수업을 공평하게 받을 수 있도록 특별하게 훈련하는 계획이 시행되고 큰 효과를 거두었다. 요즘 말로 아이들 두뇌 계발 환경이 기울어진 운동장이 되어서는 안 된다는 뜻이다. 또한 아이에게는 누구나 주어진 환경에 따라 얼마든지 성장할 가능성이 감추어져 있다는 것을 간접적으로 보여주는 사례라고 할

---

1) 새로운 사회적 상황에 효과적으로 대처하기 위해 필요한 특정한 사회화 경험이 결여된 상태를 말한다. 가정 환경이 문화적으로 박탈당한 아이는 새로운 환경에 대처하는 데 필요한 사회적 기술, 가치, 동기가 상대적으로 결여되어 있다.

수 있다.

앞에서 든 여러 가지 예들은 모두 인간의 이야기이지만, 심리학 실험에서 자주 사용하는 아기 쥐의 경우에는 환경의 작용이 얼마나 큰 것인가를 더욱 극단적으로 보여준다. 갓 태어난 아기 쥐를 두 그룹으로 나누어서 한 그룹은 어둡고 좁은 상자에 넣고, 또 한 그룹은 마음대로 움직일 수 있는 상자에 넣어서 키웠다. 그 뒤에 미로를 빠져나가게 하는 학습을 시킨 결과, 명백히 후자가 더 우수하다는 사실이 증명되었다. 더구나 이 두 그룹의 뇌를 해부하여 측정한 결과 후자 쪽이 더 무거웠다고 한다.

이와 같은 예만 보더라도 환경의 힘을 무시할 수 없다는 것을 알 수 있다. 이런 측면에서 볼 때 아이의 경우에 특히 중요한 것은 말할 것도 없이 가정 환경이다. 선천적인 소질도 물론 중요하지만, 그 소질을 키울 수도, 죽일 수도 있는 것이 태어난 이후의 환경이다. 이 장에서는 부모의 관심과 노력으로 어떻게 하면 아이를 성장시킬 수 있는 가정 환경을 만들 수 있을까를 다양하게 생각해 보았다.

같은 환경이라도 부모에 따라 달라진다.

예를 들어 아이가 글자를 인식하기 시작할 때, 설령 읽지는 못하더라도 일상생활 속에서 책이나 만화 등과 쉽게 접할 수 있었던 아이는 깨우치는 것도 빠르다. 글자를 깨우치기 위한 기초 훈련이 그 전에 이미 실시된 셈이기 때문이다. 학교에 들어가서 교과 공부할 때도, 그리고 사회생활을 넓혀갈 때도 마찬가지이다. 다시 말하면 머리를 좋게 하기 위한 준비 태세가 갖추어져 있는가? 여부로 아이의 능력이 크게 좌우되는 것이다.

그때 간과하면 안 되는 것은 역시 부모의 사고방식과 교육방침을 일방적으로 강요하는 것이 아니라, 어디까지나 아이가 자유롭게 생각하고 느낄 수 있는 공간을 마련해 주려는 자세이다. 가령 집안이나 바깥과 같은 물리적인 공간만 하더라도 '오늘은 방에서 놀아라' '저기는 위험하니 가지 말아라.'라고 아이의 행동에 제한을 두는 것만으로도 아이의 세계는 좁아지는 것이다.

이런 이야기를 들은 적이 있다. 아파트에서 자란 아이를 어느 날 넓은 들판으로 데리고 나갔는데, 부모가 아무리 권해 보아도 부모로부터 2~3미터 이상은 떨어지려고 하지 않았다. 부모가 이상하게 생각하여 곰곰이 생각해 보니 아이가 자주 놀았던 방 넓이가 바로 그 넓이였다는 것이다.

집단도 마찬가지여서 도시에 있는 유치원에 다니는 아이의 작문이나 그림은 점점 빈약해지지만 한 번 교외에 나갔다 돌아온 후에 그림을 그리면 곧 다시 생생하게 변한다는 것이다. 공간 하나만 보더라도 아이가 자신의 세계를 얼마나 넓게 소유하는

가는 부모 하기 나름이라는 것을 알 수 있다. 아이는 환경으로부터 정보원을 얻고 있는 만큼 항상 변화를 주고 호기심을 갖게 해주는 것이 발상의 전환이나 창조성, 즉 '좋은 머리'와 연결된다고 할 수 있다.

32. 공부에 관계된 것이라고 모두 들어줄 필요는 없다.

대개 부모는 공부에 관계된 것이라면 평소와는 달리 아이에게 너그러워진다. "공부 하는 데 방해되니까 텔레비전 좀 꺼주세요." "공부해야 하니까 심부름을 못 해요."라고 하면, "그래, 그래."하고 들어준다. 공부를 위해서라면 어떠한 희생이라도 마다하지 않는 눈물겨운 희생을 보이는 것이다.

아이는 부모의 이러한 약점을 알고 공부를 마치 자기 욕심을 충족시켜 주는 도깨비방망이처럼 생각하게 된다. 이렇게 되면 아이의 요구가 거의 모두 받아들여지기 마련이다. 얼핏 보기에는 이렇게 하면 아이에게는 공부를 위한 환경이 충분히 갖추어진 것처럼 보인다. 그런데 실상 이렇게 무엇 하나 부족함이 없이 충족된 환경에서 자라난 아이에게도 문제가 생길 수 있다. 이런 환경 속에 아이를 내버려두면 심리적인 포만 상태에 빠져

완벽한 부모가 아니어도 충분해요

긴장이 풀리게 되고, 공부에 대한 집중력이나 리듬을 잃어버리고 만다.

공부를 향한 '의욕'은 원래 일종의 결핍이나 기아에서 생기는 것이어서 안락은 오히려 이 의욕을 억누를 수 있다. 뭔가 좀 부족해야 비로소 그것을 채우려는 에너지가 생겨 학습의욕으로 연결되는 것이다. 때문에 부모의 극진한 서비스는 아이의 공부를 돕기보다는 오히려 의욕을 떨어뜨릴 수 있다. 아무리 공부에 관계된 것이라고 해도 무조건 꼭 들어줄 필요는 없다.

33. 지나친 자유방임도 문제가 될 수 있다.

심리학자들의 조사에 따르면 지능지수가 매년 내려가는 아이는 대개가 자유방임형 가정의 아이들이라는 것이 밝혀지고 있다. 자기 하고 싶은 대로 하면서 자라온 아이들은 일단 곤란이나 위기에 부딪히게 되면 그것을 가능한 한 회피하고 안전하고 편안한 길만을 찾게 된다. 그러다 보니 점차 자신감을 잃게 되고 그것이 지능지수의 저하로 나타난다는 것이다.

그렇다고 해서 스파르타식 교육이 더 낫다는 뜻은 전혀 아니다. 군대식 교육방식은 자로 잰 듯 규격화되고 획일화된 사람을 만드는 지름길이다. 자신만의 생각이 존재할 수 있는 여지가 없게 만들기 때문이다. 반대로 앞서 말한 자유방임주의에서 나타나는 역효과 역시 경계해야 한다. 아이의 의사를 존중하고 그 행동을 이해하는 것과 자유방임은 전혀 다르다.

흔히 말하듯이 자유에는 책임이 따르기 마련이다. 예를 들어 아이가 "지금 나가서 놀래요."라고 했을 때, 스파르타식이라면 "안돼. 숙제부터 해야지."라고 말할 것이며, 자유방임주의라면 "그러려무나."라고 할 것이다. 하지만 현명한 부모라면 이렇게 대답할 것이다. "그래도 되는데, 숙제는 언제 하면 좋을까?" 그러면 아이는 놀다 들어오면, 피곤에 지쳐 숙제가 하기 싫을 것이라는 점과 숙제를 먼저 해놓으면 마음 편히 놀 수 있다는 것까지 생각하게 된다. 이처럼 균형 잡힌 가정교육은 스스로 생각하고 판단하며 행동할 수 있는 우수한 아이로 키우는 길잡이가 된다.

이런 것을 보더라도 가정에서 부모의 생활 자세가 아이들의 두뇌 발달에 커다란 영향을 끼치고 있음을 잘 알 수 있다. 스파르타식도, 자유방임형도 아닌, 균형 잡힌 가정교육이야말로 머리 좋은 아이로 키우는 데 있어 가장 중요한 요소라고 할 수 있다.

완벽한 부모가 아니어도 충분해요

34. 언제나 아이를 우선시하는 환경도 문제다.

아이를 우선하는 현대 가정에 대해 통렬하게 꼬집은 만화를 본 적이 있다. 한 남자가 모처럼 저녁 약속이 취소되어 평소보다 일찍 귀가하였다. 집안에 들어서니 식구들은 없고 주방에 저녁 상이 차려져 있었다. "내가 일찍 들어올지 어떻게 알았지" 하고 혼잣말을 하며 먹음직스러운 반찬을 맛있게 먹는다. 얼마 지나 지 않아 아이들 엄마가 들어왔다. 그리곤 "아니, 애들이 입맛이 없다고 해서 만든 건데 그걸 당신이 먹어버리면 어떻게 해요!"라 고 꾸중을 한다. 남편은 민망해서 어쩔 줄을 모른다….

요즘은 아버지의 권위가 땅에 떨어지고, 어떻게 된 일인지 조그만 아이가 가정의 왕 노릇을 하고 있다. 가혹한 입시경쟁이 만들어낸 풍조인지는 모르지만, 모든 면에서 아이를 우선시하 는 환경은 결코 아이를 위하는 것이 아니며 결국은 아이를 기나 긴 인생 경주에서도 패자로 만들기 십상이다.

가정에서 벌어지는 부모와 자녀의 갈등은 때론 필요한 것으로 생각한다. 예를 들어 텔레비전의 채널 선택만 하더라도 완전히 아이에게 맡기지 말고 부모가 보고 싶은 프로그램이 나오면 반드시 자기주장을 하라는 것이다. 물론 이 '전쟁'은 부모의 주도로 끝나야 하는데, 이러한 전쟁을 통해서 아이는 모든 일이 자기 마음대로 되는 것은 아니라는 것을 자연스럽게 배우는 것이다.

가정에서 지나치게 아이를 떠받들면 아이는 언제, 어디서나 모든 일을 제멋대로 해도 된다고 믿게 되어 고학년이 되어서도 공부와 놀이를 구별하지 못하고 수업시간에도 교사 이야기를 듣지 않기 때문에 학업성적도 나빠진다. 실로 백해무익한 것이다. '귀한 자식일수록 엄하게 키워라.'라는 말이 있다. 자식이 귀여운 나머지 한 치 앞을 내다보지 못하고 자기만 아는 버릇 없는 아이로 키우게 될 그것을 우려해 나온 말이다.

집안에서 최고라고 학교나 사회에서 항상 최고일 수는 없다. 세상 모든 아이는 누구나 똑같이 귀한 자식들이기 때문이다. 따라서 부모는 아이로 하여금 자신의 욕구와 다른 사람의 욕구를 같은 눈높이에서 바라볼 수 있는 균형 잡힌 시각을 길러줘야 한다.

35. 필요 이상으로 지나치게 간섭하지 않는다.

어떤 부모들은 아이를 위해 동물원에 간다고 하면서, 정작 도착해서는 제 생각대로 아이를 끌고 다니는 경우가 허다하다.

완벽한 부모가 아니어도 충분해요

〈그림 4〉 부모의 지나친 간섭은 아이를 제한한다

빨리 다 보아야 한다는 법이 있는 것도 아닌데도 서둘러서 대충 대충 돌아다닌다. 아이가 관심을 보이는 동물이 있어도 급하게 다음 코스로 아이를 재촉하기 일쑤다.

　저자가 잘 아는 어떤 분은 아이를 위해 매주 한 번씩 동물원에 간다. 다섯 살 난 딸아이가 펭귄을 너무 좋아해 2시간도 좋고 3시간도 좋고, 싫증이 날 때까지 펭귄 우리 앞에서 꼼짝도 하지 않아도 별 타박 없이 아이의 관심 위주로 동물원 나들이에 나선다고 한다. 아이가 관심을 키워갈 수 있도록 옆에서 살짝 거들어 주기만 하는 이 부모의 태도야말로 아이의 사고력을 키워주는 모범적인 사례가 아닐까?

아이의 사고는 흥미로운 사물을 관찰하면서 마치 부모가 깨닫지 못하는 사이 성장해 간다. 위험하다거나 쓸데없다는 이유로 아이를 필요 이상으로 간섭하는 것은 아이의 자주적인 사고를 막는 위험한 태도이다.

36. 아빠와 엄마의 사고방식은 달라도 괜찮다.

저자가 아는 교수님 한 분은 "지금의 나는 어린 시절 아버지와 어머니 사이가 나빴기 때문에 생겨날 수 있었습니다."라는 말을 자주 하곤 했다. 그 교수님의 말은 무심코 흘려버리기엔 너무도 중요한 교훈을 담고 있다.

정확하게 말하면 사이가 나빴던 것이 아니라, 그분의 양친은 납득이 안가는 문제에 대해서는 이해가 될 때까지 따지고 주장하였다는 것이다. 아이들에 대해서도 마찬가지여서 아이가 보기에는 똑같은 문제에 대해서도 아버지와 어머니의 의견이 서로 달랐던 경우가 자주 있었다고 한다. 그러한 양친을 보는 사이에 그는 사람에게는 여러 가지 사고방식이 있을 수 있으며 서로를 인정해 주는 정신을 갖는 것이 얼마나 중요한지를 자연스

완벽한 부모가 아니어도 충분해요

럽게 알게 되었다고 한다. 그리하여 그는 스스로 생각해서 알 수 없는 것은 책을 읽고 저자 등 다른 사람의 생각을 통해 알아 내려고 하는 습관을 갖게 됐다는 것이다.

그의 이야기는 중요한 사실을 시사해 준다. 보통의 부모들은 아이에 대해서만큼은 언제나 같은 태도를 취하야 한다고 생각 한다. 그러나 그러한 방식이 반드시 아이에게 좋다고 말할 수는 없다. 즉 일찍부터 어른들의 의견 대립을 가까이에서 보고 듣 는 것이야말로 아이에게 사물을 사고할 수 있게 하는 두뇌 자 극제인 것이다. 핵가족이라는 환경 때문에 이러한 자극을 받기 가 어려운 요즘 아이들에게는 어머니와 아버지 사이에서 나타 날 수 있는 생각의 차이를 확실하게 보여주는 쪽이 더 나을 수 도 있다.

---

37. '남자아이', '여자아이'라는 구별이 아이를 제한한다.

아이의 창의력 발전에 관한 연구자로서 널리 알려진 트랜스 박사의 보고에 따르면, 아이들에게 "이 장난감을 가지고 재미 있게 놀아보세요." 하면서 장난감을 내주면 여자아이는 장난감 자동차를 잡으려고 하지 않고, 남자아이는 인형 같은 것에 관심

이 없다고 한다.

이러한 경향은 어느 정도는 성차에 따른 적성 때문이기도 하지만, 대부분은 부모가 "남자니까" "여자니까"라는 발상으로 자녀를 양육한 결과인 것이다. 장차 남녀의 특징을 살리겠다는 의도라 할지라도 어린 시절부터 성별을 지나치게 의식하게 만들면 흥미나 관심의 대상이 제한되어서 두뇌활동의 영역을 좁게 만들게 된다.

유아 심리학자들은 3세 이후에야 비로소 노는 법과 장난감 선택 등에서 남녀의 차이가 나타난다고 지적한다. 그냥 내버려 두어도 유치원에 가고 초등학교에 들어가면서 저절로 성별을 의식하게 되는 데도, 부모들은 갓난아이 때부터 여자아이는 분홍색, 남자아이는 파란색 하는 식으로 주변 환경을 다르게 꾸미고 장난감도 구별해서 사 준다.

그렇지만 우리의 아이들이 자라 성인이 될 무렵에는 남성과 여성의 경계가 지금처럼 뚜렷하지 않을 것이다. 그래서 어릴 때부터 그에 맞는 교육방식이 필요하다. 인간은 누구나 남성성과 여성성을 동시에 지니고 있으며, 유능한 사람일수록 양성적인 특징을 공유하는 경향이 뚜렷하다.

"넌 남자니까, 넌 여자니까."라고 일찍부터 틀에 박힌 교육을 하면 아이가 흥미와 관심을 두는 분야가 한정돼 두뇌 발달도

완벽한 부모가 아니어도 충분해요

고르게 이루어지지 못하고, 어느 한 부분에만 치우쳐 발달하게 될 위험이 있다. 따라서 아이를 키울 때는 무엇보다도 폭넓은 체험을 쌓게 해 두뇌 발달의 가능성을 차단하지 않는 것이 중요하다.

38. 연상의 친구는 아이가 성장하기 위한 표준이 된다.

우리가 자랄 때만 해도 골목에서 아주 어린 아이부터 초등학교 고학년까지 함께 어울려 놀았다. 조금 어린 아이는 깍두기라고 해서 잘하든 못하든 끼워 주었고, 구슬치기를 할 때는 구슬을 주워 오는 역할이라도 시켜 놀이의 구성원으로 인정해 주었다. 그러나 요즘은 유치원에서도 나이 별로 반을 구분하기 때문에 다양한 또래의 아이들이 함께 어울려 노는 모습을 보기가 어려워졌다.

다음은 얼마 전 어느 어머니한테서 들은 이야기이다.

"우리 아이는 저보다 큰 애들한테 몇 번 맞더니 도무지 나가서 놀려고 하지 않아요. 매일 혼자 노는 게 안쓰러워 언니더러 조카랑 함께 오라고 했죠. 그런데 조카랑 같이 놀고 난 후에 우리 애가 뭐든지 그 애처럼 행동하려고 하는 거예요. 조카가 두 살 더 많거든요."

아이에게 있어서 모방은 성장을 위한 필수 과정이다. 마치 한발 한발 계단을 올라가듯 아이는 자기보다 나이가 많은 사람을 보고 따라 하며 필요한 지식을 쌓아 간다. 흔히 어른스럽다라는 말을 듣는 아이를 보면 손위 형제와 나이 차이가 많이 나는 경우가 대부분이다. 또래의 친구도 필요하지만 자기가 밟을 다음 단계를 미리 보여주는 두세 살 정도 나이가 많은 친구도 많을수록 좋다.

〈그림 5〉 연상의 친구는 아이 성장의 조력자

완벽한 부모가 아니어도 충분해요

39. 웃음이 아이의 창의력을 높인다.

많은 우수한 제자를 배출하고 있는 유명 대학의 교수가 있었는데, 언젠가 그 교수가 주재하는 모임에 참석했다가 놀란 일이 있었다. 엄숙할 것이라고 예상했던 연구회가 웬걸 시작부터 끝까지 왁자지껄한 웃음 속에 파묻힌 듯한 광경이었기 때문이다. 모임은 농담도 해가면서 자유분방하게 진행되었는데, 다른 사람의 발언에 훼방을 놓으며 서로 짐짓 헐뜯으면 그것이 또 새롭게 웃음은 불러일으키는 것이었다.

얼핏 보면 농담과 농담 사이에 잠깐씩 이야기하는 것처럼 보였지만, 그 동안에 그날 연구 주제에 관한 모두의 의견이 점차 뚜렷해지는 것이었다. 연이어 튀어나오는 참신한 바램과 의견이 참석자들의 활발한 참여 속에서 점차 정리되었다.

이러한 광경을 직접 보면서 이 교수의 슬하에서 젊고 뛰어난 인재가 많이 배출되는 비밀을 알 것 같았다. 웃음이 인간의 마음과 두뇌의 긴장을 풀어주고 창의력을 높인다는 것은 다양한 연구를 통해서 이미 실증되었기 때문이다. 두뇌가 한창 발달하는 과정에 있는 아이에게는 웃음의 이런 효용성은 더욱 크다. 웃음이 있는 환경을 만들어 주는 것이야말로 아이의 머리를 좋게 하는 첫걸음이라고 할 수 있다.

40. 정해진 위치에만 물건을 놓게 하면 자유로운 발상이 어렵다.

어떤 유치원에서 다음과 같은 실험을 한 적이 있었다. 이름표가 붙어 있는 신발장에 아이들에게 각자의 신발을 놓게 하였다. 그리고 어느 날 아무런 예고도 없이 이름표의 위치를 전부 바꾸어 버렸다. 그러자 이상하게도 나이가 많은 반에서는 큰 소동이 일어난 데 반해서 나이가 적은 반에서는 아무런 문제도 없이 새로운 위치에 신발을 넣는 것이었다. 즉 1년간 똑같은 일을 계속해 온 아이들의 머리는 이미 고정화되어 새로운 사태의 발생에 유연하게 대처할 수 없게 되었던 것이다. 물건을 놓는 장소 하나에서도 항상 자유로운 사고방식이 가능하게 할 수 있는 궁리의 여지가 있는 것이다.

우리는 흔히 드라마나 영화에서 창조적인 일을 하는 인물의 주위에는 무언가가 항상 어지럽게 널려 있는 장면을 보곤 한다. 아이들의 놀이방을 생각해 보라. 비슷하지 않은가? 다소 산만하고 정신없어 보일지라도 당사자는 무엇이 어디에 있는지 알고 있으며, 필요한 것은 제때에 찾아서 쓴다. 나름대로 질서가 있는 것이다. 이처럼 때로는 주위에, 눈에 띄는 한 가지 물건이 발상의 전환을 가져다줄 수도 있다. 정리하는 습관을 들이는 것도 좋지만 때로는 아이가 물건의 위치나 정해진 쓰임새에 구애받지 않고 자신이 하려는 일을 할 수 있도록 자유로움 속에서 창조성을 키워주려는 배려가 필요하다.

41. 저녁식사 때에는 그날의 뉴스를 온 가족의 화제로 삼는다.

저녁 식사 시간은 온 가족이 단란하게 모일 수 있는 즐거운 한때이다. 이런 때에는 아이들이 이해할 수 있도록 하는 생각에서 화제를 아이 중심으로 하기 쉽지만 때로는 아이에게 지적 자극을 준다는 의미에서 그날의 뉴스나 사회문제 등을 화제로 삼는 것도 좋을 것이다. 설령 아이가 다 이해하지 못한다 할지라도 알려고 하는 것이 중요하다는 점을 명심할 필요가 있다. 부모가 질문하고 아이에게 의견을 말하게 하는 것도 표현능력을 기르는 데 많은 도움이 된다.

이 점에 철저했던 것이 미국의 대통령을 배출한 케네디 가문이다. 9명의 자녀를 기른 어머니 로즈 여사는 저녁식사를 이 지적인 훈련의 장으로 이용하기 위해서 식당의 입구에 게시판을 걸어놓고 그날의 뉴스를 오려내서 붙여 놓았다고 한다. 아이들은 그것을 보고 나서 저녁 테이블에 앉아 각자의 의견을 발표하는 습관을 갖게 되었다. 화제는 다양한 방면에 걸쳐 있었고 어린 동생들에게는 너무 어려웠지만 점차 형이나 누나를 보고 배우며 자신의 의견을 말할 수 있게 되었다.

바로 이 '토론게임'이 케네디 집안에서 대통령, 법무부 장관, 상원의원이라는 유능한 인재들이 나올 수 있도록 한 주요한 이유였던 것이다. 지금이라도 저녁식사라는 자연스러운 기회를 이용해 아이에게 생각할 수 있는 시간을 만들어 주고 지적 능력을 개발할 수 있는 계기를 마련해 보도록 하자.

42. 집안에 다양한 책을 구비해 둔다.

우리 집 서가에는 전문서적과 나란히 아동용 책들이 많이 꽂혀 있다. 다양한 저술을 위해 사 모은 것이 자연히 늘어난 것인데, 이 서고를 많이 이용하는 것은 정작 나보다는 아이들이다. 아이들은 아동용 서적뿐만 아니라 사전을 뒤적이거나 전문서적을 뒤적이며 아주 즐겁게 책과 친숙해지고 있다. 이러한 광경을 보면서 저자는 아이는 환경만 주어진다면 부모가 강제하지 않아도 혼자서 공부한다는 것을 절실하게 느낀다. 아이에게 독서하는 습관을 갖게 하고 싶으면 강제보다는 우선 집안에 책을 놓아둘 필요가 있다.

　아이를 잘 키우겠다는 부모의 욕심에 학군이 어떻고, 동네 아이들이나 사람들이 어떻고 하며 조금이라도 '수준 높은' 곳으로 이사 가려고 하기보다는 지금 살고 있는 집안 환경부터 둘러보자. 텔레비전, 장난감과 동화책 몇 권, 그리고 인터넷 게임 등이 아이가 늘 접하는 환경의 전부이지는 않은가? 부모는 집에서 텔레비전만 보면서 아이에게 책을 읽으라고 하는 것은 앞뒤가 맞지 않는 말이다. 부모가 먼저 모범을 보여야 하는 것은 물론이지만, 꼭 읽지는 않더라도 다양한 종류의 책을 갖춰 주는 것이 좋다. 사람도 자주 만나야 친해지는 것처럼 책과 친해지려면 책이 많을수록 좋은 것은 당연한 이치이다.

　아이라고 해서 동화책만 읽으라고 하기보다 그림과 사진이 많은 백과사전이라든가 외국어 사전 등을 두루 갖추어 놓아보자. 아이들은 호기심이 많아 주위에 있는 책을 이것저것 들춰보게 되고 다양한 종류의 책들과 친해질 것이다. 이는 부모가 강요하지 않아도 자연스럽게 고른 독서 습관을 갖게 되고, 혼자 공부하는 습관도 길러주는 지름길이다.

43. 계속 유아어를 사용하면 유아적 발상에 머물게 된다.

아이들에게는 말이 안 되는 소리를 내는 시기가 있다. 그러나 이것은 머릿속에 언어능력이 형성되어 있지 않고 발음, 발성 기능이 훈련되어 있지 않은 데서부터 오는 현상이다. 그런데 부모가 언제까지나 여기에 영합하여 박자를 맞추어 주면 아이의 지적 발달에 좋지 않은 영향을 미치게 된다.

왜냐하면 유아어는 언어의 개념규정이 애매하여, 예를 들어 부-부- 같은 말은 자동차를 가리키기도 하고 또는 먹는 것, 또는 강아지를 가리키기도 한다. 이러한 사실은 아이를 키워본 부모라면 누구나 알고 있다. 하지만 아이들의 사고능력은 모든 사물에는 이름이 있고, 그 이름에는 확실한 개념이 있다는 사실을 배워감으로써 단련된다. 그래서 부모가 일부러 유아어를 흉내 낸다거나 언제까지나 유아의 말씨에 영합하는 것은 아이를 그 말로 대표되는 유아적 발상, 유아적 사고의 단계에 머무르게 하는 것이다.

똑같은 것을 가리키는 데 '개'와 '멍멍이'라는 두 단어를 사용하는 것은 마치 2개 국어를 같이 쓰는 것처럼 자연스럽지 못하기 때문에 처음부터 적극적으로 유아어를 사용하지 않게 하는

완벽한 부모가 아니어도 충분해요

것이 좋다는 학설까지 있을 정도이다. 하지만 유아어를 못하게 해서 말하는 즐거움까지 빼앗아서는 안 된다. "멍멍이 있어."라고 하는 아이의 말을 "저기 개가 있구나."와 같이 바른 말로 자연스럽게 고쳐주기만 하면 된다.

44. 물건 정리는 사물을 구별하는 능력을 키운다.

어른들은 의외로 느끼지 못하고 있지만 선반 위에 가지런히 놓여 있는 책이나 식기는 항상 아이 호기심의 대상이 되기 마련이다. 그것은 아이들이 만져서는 안 되는 것이기 때문이기도 하지만 동시에 아이 나름대로 그 배열이나 분류를 생각하고 있기 때문이다.

이러한 책이나 식기를 가지고 아이의 식별능력을 길러줄 좋은 기회를 만들 수 있다. 이것을 아이에게 맡겨서 정리하게 하면 각각의 공통점이나 차이를 분별하는 능력이 자연스럽게 길러지는 것이다. 한 번 책이나 그릇의 정리를 아이에게 맡겨보자. 보기만 하던 것과는 달리 아이는 하나씩 만져보고 살펴보면서 무엇을 함께 놓아야 하는지를 깨닫게 된다.

둥근 접시, 오목한 그릇, 플라스틱, 스테인리스 등 모양과 질감에 따라 한 묶음을 만든다든지 딱딱한 겉장, 그림이 들어간 책, 깨알 같은 글씨가 적힌 책 등을 내용에 따라 꽂는다든지 하는 과정에서 물건과 그 쓰임새를 연결하는 능력이 자연스럽게 생긴다.

45. 항상 종이와 연필을 아이의 주변에 놓아둔다.

흔히 화가의 아이는 일찍부터 그림을 그리기 시작하고, 작가의 아이는 일찍부터 글을 깨친다고 한다. 물론 이것은 그 아이의 타고난 재능 때문이라기보다 문자나 그림을 자주 접할 수 있는 환경에서 자라기 때문일 것이다. 굳이 화가나 작가를 부모로 두지 않았더라도, 아이 주변에 그림이나 연필이 늘 가까이 있다면 그렇지 않은 아이와 비교하면 그림이나 글을 일찍 깨칠 수 있는 확률은 자연스레 높아지게 된다.

손에 쥔 것은 무엇이건 입으로 가져가는 아이의 습성 때문에 연필이나 종이는 아이가 좀 더 큰 다음에 주어야 한다고 생각하는 부모들도 있을 것이다. 그러나 아이들은 똑같은 장난감을 가지고도 나이와 지능에 따라 노는 법을 달리한다. 책을 주었을 때도 처음부터 제대로 살펴보는 아이보다는 찢는 아이가 더 많다. 그러나 연필을 빨고 종이를 찢던 아이들도 차츰 그 둘을 연결시켜 결국 쓰고 그리기 시작하고, 책을 물고 빨며 찢던 아이도 어느새 책을 즐겨 읽는 아이로 자란다. 중요한 것은 아이 가까이에 경험할 수 있는 다양한 것들을 갖춰 주는 부모의 작은 배려일 것이다.

46. 높은 곳에 올라 시야를 넓힐 기회를 준다.

아이들은 왜 자꾸 높은 곳으로 올라가려고 하는 것일까? 아이들은 자기 키 높이에서 볼 수 있는 풍경이 제한되어 있다. 거리는 온통 어른들로 둘러싸인 계곡일 뿐이다. 이와 관련된 일화가 있다.

어느 날 한 어머니는 크리스마스에 딸아이를 데리고 시내로 나갔다. 크리스마스트리로 화려하게 장식된 건물들을 보면, 아이가 좋아하리라 생각했기 때문이다. 그런데 아이는 좋아하기는커녕 엄마의 손에만 매달려 걷다가 갑자기 울음을 터뜨렸다. 놀란 어머니는 왜 그러냐고 물으며 아이 앞에 앉은 순간 그 상황을 이해할 수 있었다. 아이는 크리스마스 거리를 오가는 어른들의 다리 밖에 볼 수 없어 답답하고 무서웠다.

'높이 나는 새가 멀리 본다.'라는 생텍쥐페리의 '갈매기의 꿈'에 나오는 구절을 되새겨보자. 아이들 역시 시야가 바뀌는 것만으로도 지금까지와는 다른 각도에서 사물을 보고 배우게 된다. 예를 들어 어린아이를 번쩍 들어 올려주거나 목말을 태워주는 것도 방법이다. 때로는 좀 무리해서 산에도 데려가 보고, 하다 못해 높은 빌딩에라도 데려가 보자. 사물을 보는 방식 그 자체를 변화시키고 시야를 넓혀주기 위해서는 무조건 높은 곳으로 올라가는 것을 금지할 것이 아니라, 아이에게 자기 키보다 높은 곳에서 사물을 볼 수 있는 기회를 많이 마련해 주어야 한다.

47. 매일 같은 길로 다니면 생각도 굳어진다.

창조적인 일을 하지 못하는 사회인일수록 집, 버스, 회사 혹은 회사, 전철, 버스, 집으로 이어지는 통근방식을 매일 반복한다. 우리의 일상이 다람쥐 쳇바퀴도 듯하다고 해도 하루에 한 번쯤은 평소와 다른 길을 걸어본다면 뭔가 새로운 발견이나 기분 전환을 할 수 있다. 채플린의 영화 '모든 타임스'는 틀에 박힌 일상이 인간의 정신을 얼마나 황폐화하는지 명확하게 보여준다.

이처럼 틀에 박힌 행동은 인간의 두뇌까지 마비시켜서 자유

완벽한 부모가 아니어도 충분해요

로운 발상을 어렵게 만든다. 특히 어린아이의 두뇌에는 잠재 가능성이 큰 만큼 위험성도 클 수밖에 없다. 예를 들어 학교에 가는 길만 하더라도 늘 다니던 길로만 다니면 아이도 모르는 사이에 사고는 일정한 틀에 고정되고 만다. '그저 걷는 것뿐인데 뭐그리 대수로운가?' 하고 넘겨버릴 수도 있겠지만 매일 조금씩 변화를 주는 것만으로도 아이의 두뇌에는 좋은 자극이 될 수 있다.

48. '딴짓'은 아이가 세상을 배우는 훈련이다.

학교에 간 아이가 항상 오던 시간이 되어도 오지 않는다. 심부름을 간 아이가 저녁이 되어도 돌아오지 않는다. 교통사고라도 당한 것은 아닐까? 혹시 유괴라도 된 것은 아닐까? 하고 부모의 걱정은 점점 커지기만 한다. 이러한 부모의 마음을 아는지 모르는지 아이는 새까매진 얼굴로 돌아온다. 이때 당신이라면 어떤 태도를 취하겠는가?

아마도 그때까지의 걱정은 온데간데없이 사라지고 "어디서무엇하다 이제 왔어?"라며 한바탕 야단을 치고야 마는 것이 인지상정이다. 그러나 위험하다든가, 예의범절에 어긋난다고 말하기 전에 아이에게는 딴짓을 할 만한 충분한 이유가 있었다는 것을 우선 이해해 주었으면 좋겠다. 자신의 관심이나 흥미를 끈 어떤 것을 도중에 만났다면 애초의 목적에서 벗어나 새로운 것으로 흥미의 대상이 옮겨가고 마는 것이 어린아이의 자연스러운 심리이다.

'도중에 딴짓하는 것은 나쁜 것'이라는 부모의 고정관념만으로 아이를 야단치는 것은 흥미나 관심의 대상을 좁히고 자칫하면 아이의 유연한 사고법을 일정한 틀 안에 가두기 쉽다. 어린아이는 원래 발달 과정에서 딴짓하면서 커가는 존재이다. 저쪽에서 기웃거리고 이쪽에서 기웃거리면서 아이는 하나하나 새로운 사물을 배워간다. 학교나 심부름에서 돌아올 때 딴짓하는 것도 마찬가지다. 그렇다면 부모를 비롯해 어른들이 해야 할 일은 일방적인 금지가 아니라, 주위를 충분히 관찰하면서 성장할 수 있는 따뜻한 환경을 마련해 주는 것이 아닐까?

49. 아이 혼자만의 공간을 만들어준다.

우리나라 부모들은 아이가 눈앞에 보이지 않으면 불안해한다. 그래서 대개 아이가 노는 공간을 부모 시야에서 벗어나지 않

완벽한 부모가 아니어도 충분해요

도록 한곳에 묶어 두곤 한다. 항상 아이 옆에서 아이를 간섭할 수 있을 때 마음이 놓이기 때문이다.

그러나 자아가 싹트기 시작하는 3세 무렵이 되면 아이들은 자기 세계에 몰입해 혼자만의 시간을 가지려고 한다. 이는 아이의 사고가 발달하고 있으며 정서적으로 안정되어 있다는 증거이다. 이런 아이를 보고 '저 아이가 무슨 고민이 있나? 혹시 자폐아가 되는 것은 아닐까?' 걱정하면서 아이를 방해해서는 안 된다.

일반적으로 미국이나 유럽의 아이들이 우리나라 아이들보다 혼자 노는 데 더 익숙하다고 한다. 그것은 아이가 생각하고 있을 때는 가능한 한 혼자 있게 하는 그들의 생활 습관 때문일 것이다. 생각할 줄 아는 아이로 키우고자 할 때에는 혼자 있을 수 있는 시간과 공간을 만들어 주는 배려도 필요하다.

50. 애완동물을 길러 관찰력을 키운다.

집안에서 개와 고양이를 여러 마리 키우는 사람이 있었다. 애완동물을 키우는 것에 대해 처음에는 그리 좋아하지는 않았지만, 동물을 좋아하는 아이들의 열의에 이끌려서 기르다 보니 아이의 지적 발달에 많은 도움이 되었다고 한다. 그는 동물을 기르면서 아이들 스스로 동물을 돌본다는 조건을 붙였다. 아이 스스로 동물의 먹이를 마련해 주게 되자 상냥함과 배려와 같은 인간에게 가장 중요한 감정이 눈에 띄게 풍부해졌다. 사물에 대한 탐구심도 왕성해지고 어른도 알 수 없었던 동물의 생태를 연구하는 등 놀랄 만한 일도 있었다고 한다. 더 중요한 것은 애완동물을 키우면서 학교 성적도 쑥쑥 올라갔다는 사실이다.

물론 단지 애완동물을 기른다는 것만으로 효과가 있을지는 의문이 든다. 이 모두가 애완동물을 키운 결과인지 어떤지는 좀 더 연구해야 할 여지가 있겠지만, 아이가 애완동물을 키우고 싶어 하면 아이에게 일체를 맡겨보는 것도 좋은 방법일 수 있다. 그리고 그저 귀여워만 할 것이 아니라 관찰기록을 쓰게 하면 학습의 일환이 되어 아이의 지적 발달에도 도움이 될 것이다. 중요한 것은 애완동물을 기르는 것이 좋은가 나쁜가가 아니라 그것을 어떻게 기르느냐 라는 문제이다.

51. 학습을 강제하는 것은 아이의 두뇌에 대한 학대이다.

요즘은 온통 재능교육 붐에 들떠서 교육이라면 어떤 것이든지 가르치는 것이 아이를 위하는 일이라고 오해하고 있는 부모가 적지 않다. 빠르면 빠를수록 좋다고 생각해서인지 영어, 피아노는 물론이고 유치원에 다니는 아이에게 국어, 수학 과외공부까지 시키는 부모가 있다니 걱정이 된다. 그 열성에는 고개가 숙여지지만, 학습을 강제하는 것은 아이의 재능을 키워주기는커녕 밟아버리기 쉽다는 것을 알았으면 좋겠다.

최근에 한 부모가 '아이가 요즘 통 의욕이 없고 아무것도 집중하지 못한다'라고 상담을 하러 왔다. 들어보니 네 살 된 여자아이에게 주 2회씩 그림을 가르치고, 역시 주 2회씩 피아노와 영어 공부를 시키고 있다고 한다. 이렇게 해서는 육체는 물론이고 두뇌까지 찌들고 말 것이다. 공부는 물론이고 뛰어놀려는 마음조차 없어지고 마는 것이 당연하다.

'자기가 좋아서 해야 공부가 된다'라는 말처럼 아이에게는 좋아하는 것을 시켜야 재능도 늘고 집중력도 자랄 수 있다. 부모의 욕심과 취향에 따라 공부를 강요하는 것은 아이의 몸과 마음에 대한 학대일 뿐이다. 특히 예민한 아이는 지나치게 신경을 쓰기 때문에 피로도가 더 심하다. 할 의욕이 없다는 것은 어떤 의미에서는 무리하게 가르치려 하는 부모에 대한 아이의 무언의 저항이라고도 할 수 있다.

52. 일찍 외국어에 접하면 어학능력의 바탕이 생긴다.

캐나다의 뇌 신경학자 펜필드 박사에 따르면 어린 시절에 외국어에 접하게 되면 두뇌에 언어 흔적이 남아서 설령 그 외국어를 기억하지 못한다 하더라도 나중에 다시 배울 때 놀라울 정도로 빨리 익숙해진다고 한다. 이것은 펜필드 박사 자신의 체험이다. 일찍이 스페인의 마드리드에 있을 때 다섯 살이 되는 아들이 박사와 동행했다. 이 소년은 3개월간 스페인 사람만 다니는 학교에 입학해서 스페인 아이들과 놀고 그들이 하는 이야기를 들으면서 지냈다. 그러나 정식으로 스페인어를 배우지 않았기 때문에 스페인을 떠나자 그 동안 들었던 것을 모두 잊고 말았다.

그런데 25년 후 30세가 된 아들이 업무상의 필요로 스페인어를 배우게 되었다. 아들 자신도 놀랐던 것은 배우는 속도가 아주 빨랐고 아주 먼 예전에 잊었던 발음이 금방 체득되어 캐나다인 특유의 사투리 없는 훌륭한 스페인어를 구사할 수 있었다는 것이다. 이와 같이 어릴 때 외국어에 접해 두는 그것만으로도 훌륭하게 외국어의 바탕이 생긴다. 외국어를 익히게 하는 환경 조성을 생각할 때 원어민에게 배우게 하는 것만이 능사가 아

완벽한 부모가 아니어도 충분해요

니라 텔레비전이나 라디오의 어학 방송을 듣게 하는 것만으로
도 충분한 효과가 있다.

53. '환경이 나쁘다'라고 지나치게 걱정할 필요는 없다.

어린이의 지능을 더 수월하게 키워주기 위해서는 환경이 중
요하다는 것을 이야기하면 대부분의 부모는 지금 아이가 처해
있는 환경이 최고인지 어떤지를 먼저 문제로 삼으려고 하다. 좀
더 조용한 방을 주어야 하지 않을까, 일찌감치 외국어에 친숙하
게 해야 하지 않을까, 인위적으로 좋은 환경을 마련해 주는 것
이 가장 먼저 해주어야 할 부모의 의무라고 지레짐작한다. 이것
도 해주고 싶다, 저것도 해주고 싶다는 부모의 마음을 모르는
바 아니지만 오히려 지나치게 잘 갖추어진 환경이 반대로 아이
지적 발달의 장애가 되는 경우도 적지 않다.

옆집의 아이가 피아노를 배우기 시작하면 우리 집 아이도 배
워야 한다든가, 아이의 친구들이 학원에 다니기 시작하면 우리
아이도 다녀야 한다는 부모의 경쟁심은 아이의 성장에 결코 도
움이 될 수 없다. 하물며 여러 가지 사정이 있어 배우게 해주고
싶어도 그러지 못하는 것을 부모들도 크게 걱정할 필요는 없다.

그렇게 하면 오히려 역효과만 낼 뿐이며 아이들은 모든 책임을 환경 탓으로 돌리려고 하기 때문이다.

　각계 정상에서 활동하고 있는 명사들의 어린 시절을 조사해 보아도 다른 아이에 비해서 혜택 받은 환경에서 자란 사람은 오히려 예외에 속한다. 그들의 부모님은 그런 것은 조금도 신경 쓰지 않고 지금의 환경이 부모가 해줄 수 있는 최선의 환경이라는 것을 당당하게 가르쳤다고 한다. 우리 아이도 어떤 환경이건 잘하려는 의욕만 길러주면 된다. 부모의 태도 여하에 따라 좋은 환경도 나빠질 수 있고, 나쁜 환경도 좋아질 수 있다는 점을 잊지 말자.

완벽한 부모가 아니어도 충분해요

제5장

아이 성향에 맞는
놀이가 궁금한
당신에게

일반적으로 어른들은 '논다'는 것을 싫어하는 것 같다. 옛날부터 '노는 사람'이란 불량한 사람을 의미하고 '흙장난' '물장난' 등은 모두 쓸데없는 시간 낭비를 뜻한다. 이렇게 '놀이'는 '일'이나 성실함의 반대어로서 그리 좋지 않은 이미지로 우리들의 의식 속에 자리 잡아 왔다.

물론 놀이는 현실로부터의 도피라든가 단순한 기분 전환처럼 크게 도움이 안 되는, 여분의 에너지를 소모한다든가 하는 탐탁하지 못한 측면도 있다. 그러나 놀이에는 그 사람만이 알 수 있는 기쁨과 즐거움이 있고 때로는 짜릿한 스릴도 있다. 놀이에는 의식이나 관습에 구애되지 않는 마음의 자유가 있다. 모든 놀이를 창조적 활동이라고 하지는 못하더라도 그것들과 유사한 체험이라고 볼 수도 있지 않을까요?

어른들의 놀이와는 다른 어린 아이의 놀이

아이들의 경우 모든 학습은 놀이 속에 있다고 해도 과언이 아니다. 학습과 놀이를 확실하게 구분하여 거기에 차별을 두려고 생각하는 것은 어른들의 발상이다. 아이들에게는 공부와 놀이가 거의 구분되지 않는다.

아이들의 지적 능력 개발은 아이들이 재미있어서 하고 즐거워할 수 있는 형태로 행해져야 한다. 이런 관점에서 볼 때 아이들이 기꺼이 하고 싶어 하는 놀이에서, 궁리하기에 따라서는 의외의 효과를 발견할 수 있다. 같은 힘을 들이더라도 일이냐 놀이냐에 따라서 느낌이 크게 달라진다. 예를 들어 10Km의 산비탈길을 일삼아 걸어 올라간다면 누구나 고개를 설레설레 흔들 것이다. 그러나 같은 10Km라도 그것이 등산이나 골프라면, 평상시라면 자가용만 타고 다니는 사람들도 기꺼이 걸어 올라간다. 더구나 피곤은 느끼더라도 그 느낌이 전혀 다르다. 그렇다면 우리 아이를 육아하는 데에도 이 원리를 응용하지 못할 이유가 없다.

놀이가 갖는 자발성이 무엇보다 중요하다.

아이들이 즐겁게 할 수 있다는 것을 다른 시각에서 보면 아이의 자발성이 남김없이 발휘되고 있다는 이야기도 될 수 있다.

학습에 있어서 이러한 자발성은 그 무엇보다도 중요하다. 이 역시 우리들의 일상 경험을 통해서 잘 알 수 있는데, 우리들이 진정으로 체득한 것은 자신이 자발적으로 하려고 했던 것들이다.

아무런 문제의식도 없이 그저 부모의 말을 따라 학교에 다니고 있는 아이는 무엇을 시켜도 제대로 체득하지 못한다. 이때 필요한 것은 어떻게 해야 아이가 자진해서 공부하려는 마음을 갖게 하는 것이다.

이런 동기부여의 원리로서 심리학에서는 자주 상과 벌의 효용성을 거론한다. 성공하면 보상을 주는 것이 상이다. 실패하면 불이익을 주는 것이 벌이다. 어느 것이나 외부적인 미끼나 회초리로 동기를 부여하려고 하는 것이므로 외재적 동기부여라고 한다. 이에 반해서 아이가 학습 그 자체에 흥미를 갖고 자발적으로 학습을 해나가는 것을 내재적 동기부여라고 한다. 학습의 효율이 좋은 것은 물론 이 내재적 동기부여가 작용하고 있을 때이다. 아이가 놀면서 학습한다는 것은 실로 내재적 동기가 완전하게 실행되고 있는 상황이 아닐까?

이미 앞장에서도 여러 번 반복해서 썼듯이 아이의 두뇌를 좋게 만드는 최대의 조건은 아이에게 피가 되고 살이 되는 다양한 능력의 기초를 다져주는 것이다. 그리고 그 최대의 지름길은 아이가 즐기면서 배운다는 것이고 이것은 놀이 속에서야말로

완벽한 부모가 아니어도 충분해요

가장 잘 이루어지는 것이다.

이 장에서는 놀이를 이러한 관점에서 다시 음미함과 동시에 놀이와 학습의 관계와 그것이 어떻게 아이의 머리를 좋게 하는 데 도움이 되는가 등의 문제를 생각해 보기로 하자.

54. 머리는 쓸수록 좋아진다.

기계는 오래 쓰면 망가지거나 마모되어 성능이 떨어진다. 그러나 인간의 두뇌는 기계와는 다르게 사용하면 사용할수록 좋아진다. 사람 머리에 있는 약 1,000억 개의 뇌세포 가운데 사용되고 있는 것은 불과 5% 정도에 불과하고 나머지 95%는 잠든 채 남아 있다고 한다.

아이에게 너무 집어넣어 주면 머리에 펑크가 난다고 걱정하는 사람이 간혹 있는데 그런 걱정은 전혀 불필요한 것이다. 오히려 사용하지 않아서 머리의 기능이 약해지는 것을 걱정해야 할 것이다. 우리가 병으로 몇 개월씩 침대에 누워있으면 곧 다리의 근육이 약해진다는 사실을 생각하면 잘 알 수 있을 것이다. 뇌세포 역시 사용하지 않고 있으면 그 환경에 적응하여 발달의 정체나 노화와 비슷한 현상이 일어나는 것은 당연하다.

그렇다고 해서 여기서 아이에게 과다 학습을 시키라고 강요할 생각은 털끝만큼도 없다. 그렇게 하지 않아도 즐겁고 자연스럽게 머리를 단련할 수 있는 방법은 얼마든지 있다. 아이의 놀이는 그 대표적인 것 중에 하나일 것이다. 부모의 자그마한 아이디어나 노력과 약간의 기초지식만 있으면 단순한 놀이도 머리를 좋게 만드는 도구가 될 수 있다. 그것을 익히는 것이 부모의 의무라고도 할 수 있다.

55. 열심히 놀고 열심히 공부하는 것이 최고의 두뇌건강법이다.

일반적으로 '열심히 공부하고 열심히 놀라'라고 말한다. 하지만 아이의 두뇌 발달에 있어서는 반대로 '열심히 놀고 열심히 공부하라'라고 바꾸어 말해도 좋을 정도로 놀이가 차지하는 비중이 크다. 즉 아이는 놀이를 통해서 실로 다양한 것을 배우고 있다. '놀이에만 빠져 있다'라고 하면 어른들의 세계에서는 비난을 하겠지만 아이의 세계에서는 '열심히 공부하고 있는' 것과 별반 다르지 않다.

초등학교 시절부터 부모로부터 '공부, 공부'하고 시달려서 제대로 놀만한 틈이 없었던 아이와 반대로 놀기에 바빠 공부를 못 했던 아이 중에서 후자 쪽이 더 잘 성장하는 경우가 많다. 그 뿐만 아니라 학교 시절에는 놀기만 해서 성적은 형편없었던 친구가 지금은 최고의 두뇌를 요구하는 큰 회사의 핵심 인재가 되어 활약하고 있는 예도 적지 않다. 이것은 두뇌 발달에 있어서 자발성이 얼마나 중요한가를 알게 해주는 것이다. 아이가 어른의 말대로 움직이는 것이 아니라 정말로 자신의 머리로 생각할 수 있는 경우는 놀이할 때뿐이라고 하여도 과언이 아니다.

또 놀이는 끊임없이 몸을 움직여 신진대사를 원활하게 해주므로 건강을 위해서도 바람직하다. 몸이 건강한 아이는 두뇌활동도 활발하기 때문에, '잘 논다'는 것은 '두뇌활동도 왕성하다'는 것을 의미한다. 이제부터라도 아이를 신나게 놀게 하자.

56. 놀이의 주인공은 아이다.

어느 초등학교에서 이런 이야기를 들었던 적이 있다. 여러 가지 놀이를 많이 알고 있는 남자아이가 있어서 급우들뿐만 아니라 어른에게까지 놀이의 상대가 되어 달라는 부탁을 받는다고 한다. 이 아이는 트럼프건 게임이건 정확하게 룰을 알고 있어서 어른을 상대로 해서도 훌륭하게 해낸다. 대단히 머리가 좋은 아이라고 생각했는데, 학교 성적은 그다지 좋지 않았다.

그 이유가 궁금해서 그의 놀이를 관찰하고 있자니 다른 아이들과 조금 다른 점이 있었다. 친구들과 놀면서 줄곧 "○○해서는 안돼." "이건 이렇게 하는 거야." 등 마치 어른이 아이에게 말하듯이 친구들에게 간섭하고 있었던 것이다. 이것은 부모가 자녀와 놀이를 할 때 자주 보여주었던 모습의 영향이라고 생각한다. 즉 부모가 아이와 놀아주어야 한다는 의무감을 지나치게 의식하여 결과적으로 아이의 놀이를 감시하게 되고, 아이가 놀이할 때 아이 스스로 즐겁게 놀지 못하게 했기 때문이 아닐까?

이렇게 해서는 아이가 스스로 놀이의 주인공이 되고 자신의 머리로 궁리하여 즐긴다는 놀이 본래의 의미가 희박해지는 것이다. 부모는 아이의 놀이를 간섭하기보다 순수하게 아이와 함께 논다는 생각을 가져야 한다. 그리고 기회를 보아서 간단한 힌트만 줌으로써 놀이의 또 다른 재미를 발견하게 한다거나 아이 스스로 궁리하도록 도와 주는 것이 좋다.

57. 때로는 해설서 없이 장난감을 준다.

아이는 때때로 기상천외한 발상을 한다거나 어른도 놀랄만

한 말을 하는데 이것은 우리 어른에 비해서 아이들의 머리가 얼마나 유연하고 다면적인 시각을 갖고 있는가를 보여주는 좋은 예이다. 이러한 아이 두뇌의 유연성을 충분하게 이끌어내기 위해서는 때로는 장난감에 붙어있는 놀이 방법이나 해설서를 무시해 보는 것도 좋은 방법이 될 수 있다.

물론 장난감에는 각각 노는 방법이나 만드는 방법이 있는데 그것은 어른이 생각할 수 있는 범위에서 만들어지고 있다. 예를 들면 부품을 조립하면서 노는 장난감은 그것을 완성하는 방법을 알 수 없으면 어떻게 할 수 없는 것처럼 생각한다. 그러나 이것은 전혀 어른의 기우에 지나지 않는다. 조립하는 방법을 몰라도 아이는 나름대로 생각하여 장난감을 완성해 간다. 이 부품과 저 부품은 어떤 연관이 있는가를 생각한다거나 부품의 특징이나 기능을 생각한다거나 하는 것은 조립 매뉴얼대로 아무 생각 없이 조립하는 것보다 두뇌훈련에 훨씬 더 효과적이다.

이럴 때 가령 어른이 대신해 주면 더 멋진 작품을 만들 수 있다 해도 아이 스스로 만든 것은 그것대로 가치가 있다고 생각하는 것이 좋지 않을까? 무엇보다도 아이에게는 어른이 할 수 없는 기발한 발상이 있기 때문에 그것을 무시하고 어른의 사고 방식을 강요하여 그대로 따르게 하는 부모의 태도야말로 고쳐야 할 것이다.

58. 완성된 장난감은 생각할 기회를 빼앗는다.

　요즘에는 하루가 다르게 새로운 장난감들이 쏟아져 나오고 있다. 대부분 조금만 짜맞추면 금방 완성되는 반제품이거나 아예 다 만들어져서 나오는 완제품이 많다. 나뭇잎이나 길가의 돌을 여러 가지로 궁리하여 장난감으로 삼았던 어른들의 어린 시절에 비하면 실로 격세지감이 느껴진다. 물론 편리하기는 하지만 창의력이라는 측면에서 본다면 완제품이 많이 나온다는 것은 그다지 좋은 현상은 아니라고 생각한다.

　아이에게는 자신의 주변에 있는 모든 것이 다 장난감이다. 소꿉놀이할 때는 바둑알이 밥도 되고 반찬도 되며, 빨간 벽돌이 고춧가루로 쓰이기도 한다. 이런 가운데 아이는 놀이에 필요한 장난감을 주위에서 찾으려는 궁리를 하게 되고 이럴 때 창의력은 눈에 띄게 커간다. 궁리를 하거나 지혜를 짜낼 필요도 없는 완성된 장난감은 아이에게는 매력이 없을 뿐만 아니라 생각할 기회조차 없게 만든다. 주변에서 쉽게 볼 수 있는 소재로 스스로 장난감을 만들어서 노는 아이는 이제는 볼 수 없는 것인가?

59. 장난감을 바꿔가며 갖고 놀게 한다.

어른들의 세계에서는 다양한 역할을 동시에 해낼 수 있는 능력이 요구된다. 가정에서는 아들과 남편과 아버지로서, 회사에서는 직원이자 동료이자 상사로 살아가야 한다. 주어진 상황이 변화할 때마다 사람들은 새로운 상황에 적응하기 위해 끊임없이 생각하고 행동한다. 물론 이 모든 상황에 유연하게 대처해나가는 것은 어렵고 피곤한 일이다. 그러나 일상생활 가운데서 끊임없이 새로운 자극이 주어지고, 이런 자극이 두뇌를 더욱 활발히 움직이게 할 때 사람의 머리는 더욱 활력을 얻게 된다.

반대로 매일 똑같은 상황과 똑같은 역할만 주어진다면 사람의 머리는 어떻게 될까? 우리는 그럴 때 흔히 타성에 젖는다고 이야기한다. 어제의 생활과 똑같은 오늘이 이어지고 내일도 그러리라고 생각하며 살아간다면, 인간은 권태에 빠져 때로 살아갈 의욕마저 잃어버리게 될 것이다.

그렇다면 아이의 경우에는 어떨까? 아이 역시 예외는 아닐 것이다. 두뇌 발달이 가장 왕성한 시기의 아이에게 생활에 아무런 변화도 주지 않는다면, 주어진 환경에 영향을 받으며 자라는 아이는 더 이상 궁리할 필요를 느끼지 못하고 오히려 퇴보하게 된다. 그러나 아이에게 딱히 이렇다 할만한 환경적인 자극을 주는 일은 쉽지 않다. 이때 장난감 하나를 주더라도 방법을 달리해보면 어떨까? 계속 한 가지 장난감을 갖고 놀다 보면 아이는 그 장난감에 익숙해져 잘 가지고 놀 수 있지만, 지능 발달에는 그렇게 큰 도움이 되지 못한다.

예를 들어 이웃집과 장난감을 바꿔 놀게 하는 것도 한 방법이다. 또 같은 장난감을 가지고도 새로운 놀이를 연구할 수 있다. 이는 똑같은 책을 가지고도 보는 방법, 읽는 방법에 따라 다르게 느껴지는 것과 같은 이치이다. 이렇듯 끊임없이 새로운 상황을 만들어 준다면 그 자체만으로도 아이의 머리에는 최고의 활성 비타민제가 된다.

60. 장난감의 위치나 모양을 바꾸면 새 장난감이 된다.

흔히 아이는 놀이의 천재라고 한다. 어떠한 상황에서도 계속 새로운 놀이를 만들어내기 때문이다. 휴일에 평소와 조금 다른 장소로 데려갔을 때 그들의 빛나는 눈을 보더라도 이것을 확실하게 알 수 있다. 나무 한 그루, 조그만 냇물 하나만 있어도 곧 그것을 소재로 하여 새로운 놀이를 생각해 내곤 한다. 부모가 다양한 상황을 조성해 주는 것만으로도 아이의 창조 욕구를 만족시키고 생각하는 힘을 길러주게 된다.

내가 아는 어떤 아이는 거꾸로 놓인 자전거가 있으면 그 페달을 빙빙 돌려서 사이렌을 울리기도 하고, 청소하려고 뒤집어 놓은 탁자의 다리를 고리 던지기의 표적으로 삼아 놀기도 한다. 이처럼 아이들은 아주 간단한 놀이 속에서 또 다른 놀이 방법을 찾아내고 이러한 발견을 통해 발상의 전환을 하게 된다.

부모가 아이에게 이러한 계기를 마련해 주는 데 특별한 궁리가 필요한 것은 아니다. 예를 들면 우리들이 하는 창의력 계발 훈련 방식의 하나인 체크리스트 법을 활용해 보자. 신제품 개발 아이디어를 얻기 위해서 하나의 기본형을 상정하고 이것을 '거꾸로 한다면', '최대한도로 작게 한다면', '크게 한다면', 경사지게 한다면' 등 다양한 체크리스트에 맞추어서 생각해 나가는 방법이다. 아이의 놀이에도 이 방법을 응용할 수 있다.

61. 장난감이 너무 많으면 장난감 없이는 놀지 못한다.

외국 생활을 많이 해야 하는 해외 영업을 담당하는 회사 직원에게서 들은 이야기이다. 세계 어느 나라에서도 우리나라 부모처럼 아이에게 장난감을 사다 주고 싶어 하는 사람들을 본 적이 없다고 한다. 우리보다 외국의 부모는 크리스마스나 생일날 이 외에는 좀처럼 장난감을 사 주지 않는다고 한다. 장난감이 너무 많으면 성격이 산만하게 되고 사물에 대한 집중력이 길러지지 않기 때문이라는 것이다.

그래서 아이들에게 크리스마스나 생일날이 유난히 즐거운 날일지도 모른다. 장난감 때문에 성격이 산만해진다고 하면 설마 그럴까? 하고 의문을 품는 분도 있겠지만 장난감을 너무 많이 갖고 자란 아이는 쉽게 싫증을 내는 경향이 있다. 때문에 스스로 궁리해서 놀이를 생각해 낼 수 없다. 너무 많은 장난감 속에서는 장난감에 걸려서 제대로 몸과 머리를 움직이지 못하게 된다.

어린이의 발달 단계를 생각해 보면 장난감이 없으면 놀 수 없는 것은 기껏해야 3-4세 정도까지이다. 5세를 넘기면 장난감이나 도구가 없어도 스스로 궁리해서 놀 수 있게 된다. 성장함에 따라서 아이는 부모가 생각하고 있는 만큼 장난감이나 도구가 필요치 않다. 그런 아이에게 언제까지나 장난감을 사 주고 싶어 하는 것은 놀이를 통해서 자연스럽게 두뇌를 발달시키는 것을 멈추게 하는 것이다. 장난감이나 도구는 부족한 듯한 것이 때론 아이 스스로 창조적인 궁리를 하여 필요한 장난감이나 도

　　　　　　　　완벽한 부모가 아니어도 충분해요

구를 만들어내게 하는 기회가 될 수도 있다.

62. 종이 접기를 푸는 것도 공부다.

복잡한 손길이 필요한 종이접기는 아이의 지능이나 언어 발달에 매우 유익한 놀이이다. 우선은 정확하게 접어야만 원하는 모양이 나온다는 점에서 종이접기는 논리성을 발달시키는 놀이이다. 처음에는 틀렸는지 어땠는지 잘 모르다가도 모양을 접어 나가면서 마침내 완전한 모양이 만들어진다는 것을 깨닫게 되면, 아이 스스로 순서에 맞게 생각하고 조작하는 능력을 배우게 된다.

이러한 기본적인 특성에 덧붙여서 특히 나이 어린아이에게 종이접기를 가르칠 때는 접게 하는 것보다는 오히려 풀게 하는 것부터 시작하는 것도 좋은 방법이 된다. 보통 종이 접기를 가르칠 때는 어른이 일일이 시범을 보이며 아이에게 따라 하게 하는 패턴의 반복이 많다. 이 방식이 접는 방법 그 자체를 익히게 하는 데는 좋을지 모르지만 스스로 접는 방법을 발견하는 즐거움은 적을 것이다.

그러므로 처음에는 우선 완성품을 건네주고 그것을 하나하나 풀게 하여 어떤 순서로 그것이 만들어졌는가를 보여준다. 이렇게 하면 종이 한 장으로부터 학이나 배가 만들어지는 순서의 역순을 밟게 되고 종이 접기에 감추어진 논리성을 스스로 발견할 수 있게 된다. 물론 처음부터 접는 방법을 가르친 후에 풀어 보는 것도 좋은 방법이다.

63. '끝말잇기'로 순발력을 기른다.

인간의 머리에서 정보를 얼마나 재빨리 뇌세포 속에서 찾아 내는가? 하는 것이 지능의 좋고 나쁨을 결정하는 기준이 된다. 이른바 머리의 회전이 빠르다는 것은 대개 이러한 능력을 이르는 말이라고 할 수 있다. 이런 능력을 높이기 위해서 오래전부터 했던 '끝말잇기 놀이'가 있다. 이 놀이는 단어의 끝말과 처음이 같은 말을 계속 뒤이어 가는 놀이이기 때문에 당연히 언어능력이 요구되고 개발된다.

그러나 기존의 방식처럼 그저 다음 단어를 찾으면 그만인 것이 아니라 가능한 한 빨리 대답 하도록 하는 것이야말로 이 놀이의 유용성이라는 것을 강조하고 싶다. 즉 간격을 거의 두지 않고 대답하는 훈련을 반복하는 과정에서 회전이 빠른 두뇌가 만

완벽한 부모가 아니어도 충분해요

들어지는 것이다. 특히나 요즘과 같은 시대에는 모든 사고와 행동에 순발력이 요구되는 만큼 '끝말잇기'와 같은 놀이를 통해 아이에게 지적 발달뿐만 아니라 순발력도 길러준다면 아이의 미래에 커다란 도움이 될 것이다.

64. 숫자놀이로 직관력을 키운다.

트럼프 놀이 중 뒤집어서 숫자 알아 맞추기 게임은 뒤집혀 있는 52장의 카드 중에서 같은 수의 카드를 알아맞혀 가는 놀이로서 아이들에게 아주 인기가 있다. 어른과 아이들이 함께 이 게임을 하면 대개 아이가 이긴다는 것이 아이에게 인기가 있는 이유인 것 같다.

어린아이가 이런 종류의 게임에 어른들이 혀를 내두를 정도로 능력을 보이는 것은 카드의 위치를 개별적으로 기억하는 것이 아니라 전체적으로 하나의 덩어리로 파악하기 때문이라고 한다. 즉 어른은 '왼쪽에서 세 번째'라든가 '중앙 근처에 있는 약간 삐뚤어진 카드'라는 식으로 기억하지만 아이는 전체의 배열을 하나의 패턴으로 파악하는 것이다. 그렇기 때문에 생각한다기보다는 반사적으로 카드의 위치를 알아 맞춰가는 것이다.

이렇게 직관적 본능이라고도 할 수 있는 능력은 어른이 됨에 따라 다른 여러 가지 지적 능력에 억눌려서 빛을 잃어버리지만 그래도 아직 어린 시절에 이런 종류의 훈련을 충분히 받은 아이는 창의적 능력이나 기억력이 뛰어나다고 한다. 어른에게도 쉽지 않을 정도로 집중력이 요구되는 이 게임이 아이의 두뇌 전반에 강한 자극을 주는 것은 당연하다. 직관적으로 파악하는 것은 바로 동작과 행동으로 옮겨가는 기민성을 기르는 데도 효과가 있다고 할 수 있다. 물론 분석적으로 개개의 카드의 위치를 기억하는 것만으로도 좋은 두뇌 훈련이 될 것이다.

65. 찾기 전에 알아맞히는 숨바꼭질이 사고력을 높인다.

숨바꼭질도 아이들에게 인기가 있는 놀이 중의 하나이다. 이 놀이가 유행하던 초기에는 이 놀이의 영어명인 'hide and seek(숨고 찾아내기)' 중에 '숨는다'는 쪽에는 그리 큰 비중이 실려 있지 않았다. 유아 교육의 선구자인 몬테소리 여사가 지적하고 있듯이, 초기의 '숨바꼭질'은 정해진 곳에 정해진 사람이 숨어 있는 것을 지적하며 재미있어하는, 이른바 '까꿍 놀이'의 변형이다.

이 놀이가 진화하면서 숨는 역할을 맡은 사람은 조금씩 숨는 장소를 바꾸어 점점 의외의 장소를 택하게 된다. 이 단계가 되면 아이의 두뇌는 눈이 어지러울 정도로 회전하기 시작한다. 상대가 어디 있는지 찾는 것뿐만 아니라 자신이 숨는 장소도 술래가 알 수 없는 독창적인 곳을 찾기 위해 열심히 생각하게 된다.

이때 아이가 만약 술래가 되면 단지 알아맞히기 위해서 찾아 돌아다니는 것이 아니라 숨은 장소를 추리하게 하여 '우리 서아는 어디, 누구는 어디'라고 말로 알아 맞추는 것도 아이의 사고훈련을 위한 좋은 방법이 될 것이다. 이렇게 바로 찾아 돌아다니는 것에 앞서 우선 생각하게 하는 것도 아이의 사고력 훈련을 위한 방법으로 매우 유용하다.

요즘에는 숨바꼭질을 할 만한 넓이와 구조를 갖춘 집이 그리 흔하지 않다. 그러다 보니 몇 번 하다 보면 숨을 곳이 뻔하므로 놀이의 흥미도 줄어들고 만다. 이럴 때 술래가 찾아 돌아다니기 전에 먼저 생각해서 알아맞히면 과자를 준다든지 하는 식으로 놀이에 변화를 주면 더욱 재미있고 유익할 것이다.

〈그림 6〉 놀이는 아이의 지능을 향상시킨다

66. '역할 연기'는 아이의 상상력을 길러준다.

심리치료나 상담에 사용하는 기법 중의 하나에 '역할 연기 (role playing)' 라는 것이 있다. 이것은 예를 들면 상사와 잘 지내지 못하는 부하직원에게 상사 역할(role)을 맡겨서 연기(playing)를 시키면 상사의 입장, 발상 등에 대해 상상력이 발휘되어 인간관계가 개선될 수 있다는 것이다.

이 방법을 아이에게 응용해도 재미있는 교육효과를 거둘 수 있다. 계속 말썽을 부리는 아이를 야단치기보다는 엄마 놀이를 제안하여 엄마가 아이가 되고 아이가 엄마가 되어 보면 어떨까? '아이'가 된 엄마가 마구 고집을 부리고 말썽을 부린다면 '엄마'가 된 아이는 어느새 엄마의 마음을 이해하게 될지도 모른다.

이렇게 자기중심적인 아이의 성향을 자연스럽게 변화시킬 수 있는 역할연기는 상상력도 길러줄 수 있다. '가게 주인이라면?', '버스 기사라면?', '가수라면?' 하는 식으로 역할을 바꿔가면서, 역할에 맞는 몸짓과 말을 택하려고 고심하는 사이에 아이는 상상의 나래를 마음껏 펼치게 될 것이기 때문이다.

한편, 이것을 이용해 책을 읽으면서도 나쁜 사람, 좋은 사람, 다람쥐, 사자 등 등장인물에 따라 목소리를 달리한다거나 의성어를 흉내 냄으로써 즐겁게 상상력을 키울 수 있다. 역할 연기의 또 다른 장점은 놀이를 통해 자유로운 표현력을 기를 수 있다. 그렇게 되면 훗날 다른 사람 앞에서 자기 의견을 발표하고 주장하는 데 별 어려움을 느끼지 않게 된다는 장점도 있다.

다양한 아이의 놀이 중에서도 '시장보기'나 '택시 타기' 놀이처럼 서로 대화를 주고받는 놀이는 아이의 두뇌 발달에 더욱더 효과적이다. 이를테면 아이가 운전기사라는 역할을 준 다음 운전하는 버스에 무임승차를 한 상황을 가정해 보자. 돈이 없어 어쩔 줄 모르는 승객에게 어떻게 대처해야 하는지에 대해 생각할 때 아이의 두뇌는 재빠르게 회전하기 시작하는 것이다. 이 놀이는 현실적인 제약에서 벗어나 자유롭게 사물을 생각하는 힘을 기르는 데 의미가 있기 때문에 엉뚱한 해결책이 떠오르면 떠오를수록 좋은 것이다. 아이와 함께 이런 놀이를 함으로써 부모에게도 더 없는 두뇌 전환이 된다.

제6장

아이 사고력을
증진시키고 싶은
당신에게

아이의 두뇌를 좋게 만들기 위한 방법의 핵심은 아이들 스스로 사고할 기회를 주어 스스로 두뇌를 훈련하게 하는 것이다. 사람이 손발의 근육을 사용하지 않으면 이내 약해지고 마는 것과 같은 이치로 두뇌 역시 사용하지 않으면 이내 녹슬고 만다. 그러면 어떻게 아이에게 두뇌를 사용하게 할 것인가? 방법은 간단하다. 아이를 문제상황에 부딪치게 해서 생각하도록 하는 것이다.

머리를 나쁘게 만드는 '사고 절약장치'

원래 인간의 뇌는 정말 놀랍도록 훌륭하게 만들어져 있다. 인간의 두뇌에는 생각하는 것을 절약하게 해주는 '사고 절약장치'가 있다. 가령 우리가 어제와 똑같은 방법으로 오늘도 그냥 지낼 수 있다면, 우리의 두뇌는 애써 고생하며 생각할 필요가 없이 어제와 똑같은 방법으로 오늘의 문제도 대처해 나가면 될 것이다.

따라서 우리 두뇌가 움직이기 시작하는 것은 어제의 방법으로는 풀 수 없는 새로운 문제에 부딪힐 때이다. 바로 이 '사고 절약장치' 덕분에 우리들이 일상생활을 얼마나 편안하게 하는지 모른다. 매일매일 이를 닦는 일부터 밥을 먹는 일에 이르기까지 일일이 처음부터 다시 생각해야 한다면 두뇌가 몇 개씩이나 있어도 모자랄 것이다. 습관적인 일들은 특별히 생각하지 않더라도 해나갈 수 있기 때문에 우리들은 닥쳐오는 새로운 상황에 적절하게 대응해 나갈 수 있고 마음의 여유를 가질 수 있는 것이다. 따라서 '사고 절약장치'의 존재는 본래 우리에게 유익한 것이지만 자칫 잘못하면 큰 해악이 되기도 한다. 암보다 더 무서운 매너리즘이라는 병이 그것이다.

일단 이 병에 걸리면 우리의 두뇌는 녹이 슬고 노화하기 시작한다. 다시 말하면 머리가 급격하게 쇠약해지기 시작하는 것이다. 이 무서운 매너리즘이라는 병은 얼핏 보면 노화현상과 비슷한 증상이기 때문에 노인병의 일종으로 생각하기 쉽다. 사실은 그런 것이 아니어도 아무리 젊은 사람이라도 이 병에 걸릴 수 있으며, 때로는 아이에게도 나타날 수 있다.

오히려 아이의 경우에는 이 매너리즘이라는 병이 한층 더 위력을 발휘한다. 왜냐하면 아이의 두뇌는 발달하는 과정에 있기 때문이다. 늘대 소녀나 야생 소년의 예를 들 것까지도 없이 머리를 사용하지 않는 인간의 정신발달이 결정적으로 지체된다는 것은 모두 잘 알고 있는 것이다.

미국의 심리학자 블름이 유아기부터 성인기까지 인간의 지능 발달을 추적하여 연구한 결과에 따르면 0세부터 4세 사이의 지능 발달 속도가 18세경의 지능 최대치를 그대로 결정한다고 한다. 즉 0세부터 4세까지 급속도로 지능이 발달해 온 아이는 그 후에도 그 속도를 그대로 유지하여 절정에 이를 시기에는 높은 수준으로 성장하게 된다.

반대로 지능이 느린 속도로 발달한 아이는 18세경 절정일 때에도 낮은 수준에 머무르고 만다고 한다. 그런데 이 지능 상승 속도를 결정하는 것은 대개 주위에서 아이에게 지적 발달을 촉진하는 자극을 얼마나 줄 수 있느냐는 점에 있고, 그 책임의 대부분은 부모에게 있다는 것이다.

부모가 설계하는 만큼 좋아지는 아이의 머리

부모에게 이것까지 요구하는 것은 조금 지나칠지 모르지만, 우리 아이의 두뇌 발달을 위해 부모가 교육설계사가 되어야 한다고 앞에서 주장했다. 교육설계사란 아이의 정신발달을 도울 수 있도록 생각할 기회를 만들어 주는 사람이다. 즉 의도적으

완벽한 부모가 아니어도 충분해요

로 아이에게 다양한 지적 환경을 만들어 주어서 아이의 머리가 좋아지도록 설계를 하는 사람이다.

부모에게 교육설계사가 되어야 한다는 주장은 무리한 요구일지도 모른다. 하지만 그것이 그대로 아이의 머리를 좋게 만드는 것과 연결되고 또 아이가 장차 훌륭하게 성장할 수 있도록 해준다면 해볼 만한 일이 아니겠는가?

이 장에서는 이렇게 교육설계사 역할을 하는 부모에게 교육환경과 육아 방법의 설계에 대한 다양한 아이디어를 제공해 주고자 한다. 이것을 단서로 해서 좀 더 훌륭한 교육설계사로서의 방법을 고안해 갔으면 좋겠다.

67. 생각하는 것이 즐거워지게 만들어 주어라.

비즈니스 세계에서는 흔히 '목표에 의한 관리'라는 경영관리의 기법을 사용한다. 이것은 조직 상부에서 일방적으로 내려준 목표를 기준으로 부하직원을 다그치는 방법이 일하는 사람의 의욕을 떨어뜨리는 최대의 원인이라는 반성으로부터 나왔다. 이 관리 방법은 일하는 사람 스스로 생각하여 조작과 합의한 범위 내에서 목표를 설정할 수 있어야 비로소 하고자 하는 의욕이 일어난다는 사고방식에 기초한다.

이러한 관리 방식에도 여러 가지 문제점이 없는 것은 아니지만 우리 아이들에게도 충분히 적용할 수 있다. "열심히 공부해서 좋은 성적 받아와라." "노력해서 좋은 학교에 가거라."라는 식으로 부모가 일방적으로 목표를 정해 놓고 아이를 관리하는 방식이 잘 통하지 않는다는 것은 분명하다. 보통 직장에서는 자율적인 관리 방식을 효과적이라고 생각하는 부모가 자녀의 교육에 있어서는 일방적으로 다그치기만 하는 구태의연한 모습으로 일관하는 그것은 무슨 까닭일까? 아이에게 왜 그렇게 해야하는지, 어떻게 해야 하는지 이유를 설명해서 아이 스스로 움직이도록 하는 부모의 의도는 전혀 보이지 않는다.

아이에게 자신의 머리로 생각할 수 있도록 습관을 들이기 위해서는 "생각해라" "노력해라"라고 말하기 전에 생각한다는 것의 의미를 아이 스스로 깨닫도록 해주는 것이 중요하다. 글자를 깨쳐서 아이가 얻는 즐거움이란 먼 훗날 학교 성적이 좋아진다는 것에서보다는 동화책을 스스로 읽을 수 있는 것에서 찾을 수 있다. 이러한 직접적인 목표를 아이 스스로가 설정할 수 있어야 비로소 글을 깨치려는 의욕도 높아지는 것이다. 부모가 정한 목표를 일방적으로 강요하는 것은 아이가 생각하는 것의 중요함을 망각하게 할 위험성이 다분히 있다.

완벽한 부모가 아니어도 충분해요

68. 때로는 아이를 어려운 상황에 처하게 한다.

옛말에 '자식이 귀여우면 여행을 시켜라'라는 말이 있다. 이 말은 단지 여행만을 가리키는 것이 아니라 자녀의 성장을 진심으로 바라는 부모라면 다소 어떠한 문제라도 적극적으로 아이에게 내 주도록 하라는 교훈으로 받아들여야 한다.

쉬운 문제가 자신이 익히 알고 있는 사고방식을 그대로 적용하는 것이라면, 어려운 문제란 그 사고방식을 다양하게 응용하고 그래도 풀리지 않을 때는 기존의 사고방식을 버리고 새로운 사고방식을 받아들여야 하는 문제라고 말할 수 있다.

더구나 쉬운 문제의 경우는 자신의 모든 사고방식을 거기에 적용했는가 아니면 그 일부분만으로도 풀 수 있었는가를 알 수 없으므로 자신의 모든 능력을 점검할 수가 없다. 어려운 문제일 경우에는 싫건 좋건 자신이 갖고 있는 모든 사고의 무기를 적용할 수밖에 없기 때문에 결점이나 부족한 곳을 발견하는 데 도움이 된다.

앞서 살펴본 바와 같이 우리 두뇌는 사고 절약장치라는 나름 효율적인 시스템이 작동해서 쉬운 문제라면 애써 새롭게 생각할 필요를 느끼지 못하고 기존 해왔던 대로 살아간다. 하지만 처음 만나는 어려운 문제라면 생존의 위협을 느끼고 그때 비로소 두뇌를 최대한 가동해서 문제를 해결하려 최선을 다한다. 이런 까닭에 어려운 상황은 아이의 두뇌를 개발하는 중요한 계기가 될 수 있다.

69. '결론'은 아이의 몫으로 남겨둔다.

곤란한 상황이야말로 아이가 생각할 수 있는 절호의 기회이다. 하지만 그렇다고 부모는 그저 보고만 있어도 좋을까? 물론 부모의 적절한 조언은 당연히 필요하지만, 우리나라 부모들의 조언 방식은 대체로 서투른 편이다.

예를 들면 아이가 길에서 넘어졌을 때 미국의 부모들은 그저 말로 한두 마디 거들 뿐 아이가 일어설 때까지 그저 바라보고만 있는데, 우리나라 부모들은 대개 재빨리 손을 내밀어 일으켜 세운다. 아프리카에서는 아이의 흉내를 내며 함께 넘어지는 종족도 있다고 하는데 이들도 역시 결코 손을 잡아 주지는 않는다고 한다.

즉 미국인은 격려의 말로, 아프리카 사람은 무언의 교훈으로 아이가 스스로 일어설 수 있도록 옆에서 지원해 주기만 한다는

완벽한 부모가 아니어도 충분해요

것이다. 우리처럼 최종적인 해결책을 일방적으로 던져주지는 않는다. 아이도 스스로 생각할 수 있는 능력이 있는 만큼 그것을 남김없이 발휘할 수 있도록 준비해 주기만 하면 된다. 결국 부모가 '결론'을 제시하여 바로 원조해 주어서는 안 된다는 것이다.

내가 아는 웹툰 작가 한 분은 초등학교 저학년 자녀에게 비오는 날에도 우산만 챙겨줄 뿐 학교로 마중 나가지는 않는다고 한다. 이것은 곤란한 상황에 직면한 아이에게 필요한 최소한의 준비만 마련해 주고 '결론'은 아이가 스스로 내리게 하는 좋은 예라고 할 수 있다.

---

70. 기억은 망각의 반복이다.

아직 글도 깨치지 못한 아이가 그림책을 척척 읽어 보여서 주위 어른들을 놀라게 하는 일이 종종 있다. 물론 글을 모르는 아이가 책을 읽을 수는 없다. 대부분 부모가 반복해서 들려준 내용을 기억하여 술술 읊고 있는 것에 불과하다.

이러한 예에서 알 수 있듯이 아이는 '기억하고는 곧 잊는다'라는 것을 반복하면서 사물을 하나하나 기억해 간다. 기억이란 망각의 반복이라고 말하는 학자까지 있을 정도로 망각은 당연하다. 귀찮다든가, 어차피 잊을 것이라고 해서 부모가 반복하려는 노력을 게을리하면 아이의 기억력은 언제까지나 좋아지지 않을 것이다.

그러나 아이의 기억은 그리 오래 지속되지 않는다. 노래 가사나 간단한 영어 단어나 숫자를 척척 외워 며칠간 부모를 즐겁게 해주다가도 하루 이틀 지나면 금세 잊어버리기도 한다. 그렇다고 해서 섣불리 아이 머리가 나쁜 게 아닌지 불안해할 필요는 없다. 잊어버린 만큼 또 다른 새로운 것을 배워 부모를 기쁘게 할 테니 말이다.

71. 잘못한 점보다는 잘한 점을 지적한다.

문제의 해결에 이르는 과정에서 부모가 조언을 해주는 방법에 대해서 다음과 같은 흥미로운 실험이 있다. 언어에 의한 상과 벌이 문제의 해결에 미치는 영향을 조사하기 위해서 아이를 세 그룹으로 나누어서 실험을 했다. 첫째 그룹은 일련의 작업에 대한 올바른 반응이 나올 때는 "예, 그렇습니다."라고 말해주고, 반응이 틀렸을 때는 "아니요. 틀렸습니다."라고 했으며, 두 번째 그룹에는 반응이 올바를 때만 "예 그렇습니다."라고 말해주고

〈그림 7〉 스스로 로션 바르고 좋아하는 아이

틀렸을 때는 아무 말도 하지 않았다. 세 번째 그룹에는 틀렸을
때만 "아니요. 틀렸습니다."라고 말하고 올바른 반응을 했을 때
에는 아무 말도 해주지 않았다.

이 실험의 결과, 비교적 쉬울 때는 "아니요. 틀렸습니다."라고
말해준 세 번째 그룹 쪽이 성적이 좋았고, 반대로 어려운 문제
일 때에는 "예 그렇습니다."라고 말해준 두 번째 그룹 쪽이 성적
이 좋았다는 것을 알아낼 수 있었다. 이 결과가 보여주는 것은
아이가 어려운 문제에 직면했을 때는 오류를 지적하기보다는
올바른 부분을 인식시켜 주는 것이 결과적으로 아이 자신의 두

뇌활동을 원활하게 만든다는 것이다. 곤란에 직면하고 있을 때는 사소한 것에서도 자신감을 잃어버리기 때문에 다그치며 잘못을 지적하는 것은 현명하지 못하다. 오히려 잘한 점을 부각해서 아이가 자신감을 되찾고 자유롭게 생각할 수 있도록 유도하는 편이 좋다.

72. 혼잣말은 생각하고 있다는 표시이다.

어디선가 말소리가 들리는 것 같아 누가 왔나 하고 두리번거리다가 방안에서 혼자 중얼거리는 아이 모습을 보고 깜짝 놀란 적이 있을 것이다. '백설공주 책 어디 있지? 저기 있었는데 없네. 그거 한율이한테 읽어 주기로 했는데, 여기도 없네., 그럼 할 수 없다. 콩쥐팥쥐 봐야지.' 보통은 이런 식이다.

네 다섯살 된 아이들이 놀이에 열중하기 시작하면 갑자기 혼잣말이 많아진다는 것을 알 수 있다. 옆에서 중얼거리고 있는 것을 듣노라면 결코 의미 없는 말을 중얼대고 있는 것이 아니라 자신이 지금 생각하고 있는 것이 그대로 입으로 흘러나오고 있다는 것을 알 수 있다. 이와 같이 이 시기 아이들의 혼잣말은 대부분 지금 생각하고 있는 것의 표현이기도 하므로, 시끄럽다고 이를 못하게 하는 것은 아이에게 "생각하는 것을 그만 두라."라고 말하는 것과 다를 바 없다.

생각한다는 사고 활동을 인간이 하기 위해서는 언어를 매개로 해야만 한다. 어른들이라면 사고 과정을 겉으로 드러내지 않지만 네 다섯살 정도의 아이는 지능 발달이 미숙하므로 자신이 생각하고 있는 것을 내면화 할 수 없어서 그대로 밖으로 표현하는 것이다. 아이가 책을 읽을 때 소리 내어 읽는 것도 그 때문인데 소리 내지 않고 속으로 읽을 수 있게 되기 위해서는 7-8세 이상의 지능이 필요하다고 한다. 즉각 단어의 의미를 이해할 수 있어야 비로소 묵독할 수 있는 것이다.

이렇게 아이는 지능 발달에 따라서 동일한 사고 활동을 하더라도 밖으로 표현되는 모습은 각각 다르다. 그 일반적인 기준은 연령이지만 어떻든 아이가 혼잣말하며 놀고 있을 때나 큰 소리로 책을 읽고 있을 때는 억지로 그것을 막으려고 하지 않는 것이 중요하다.

73. 부모의 언어가 아이의 사고를 제한한다.

영국의 사회학자 번스타인은 문화적으로 뒤떨어진 지역에서 자란 아이들이 그렇지 않은 지역에서 자란 아이에 비해 지능발달이 늦어지는 문화적 박탈의 가장 큰 이유로서 부모의 언어생활을 들었다. 그들의 말은 대개 토막처럼 짧고 문법적으로 단순한 구조를 갖추고 있어 정해진 말의 반복이 두드러지는 등의 특징이 있다. 그 외에도 우리들 가까이에 있는 또 하나의 예로서 이유와 결론이 하나의 범주를 이루고 있는 표현이 많다는 것을 들고 있다.

예를 들면 "밖에 나가서는 안 돼." "엄마가 말한 대로 해."와 같이 이유와 결론이 하나로 구사되는 경우가 많다는 것이다. "밖에 나가서는 안 돼." "왜" "언제나 밖에 나가있으니까." "왜 안 되는 거지." "엄마가 안 된다고 했지." 이와 같이 아이의 "왜"라는 질문에 대해서 같은 말을 반복하고 있을 뿐 결코 답이 될 수 없다.

이러한 언어생활을 번스타인은 '대중어(public language)'라고 이름 짓고 가까운 사람들 사이에 일상적인 회화에는 통할 수 있겠지만 이론적으로 생각한다거나 개인의 독창적인 사고를 서술하기에는 적당하지 못하다고 이야기한다. 당연히 이러한 이유 아닌 이유를 들으면서 자란 아이는 모처럼 자라나려던 논리성의 싹을 제대로 키우지 못하고 마는 것이다. 따라서 두뇌 발달을 위해서 아이가 궁금해하는 이유를 이야기해 주고 스스로 판단할 시간을 주는 것이 필요하다.

74. 목표를 주기보다는 아이 스스로 세우게 한다.

당신은 아이가 지적 작업을 하고 있을 때 "이 문제가 좋아." 라든가 "여기까지 해 봐."라는 식으로 미리 목표를 아이에게 제시해 주고 있지는 않은가? 이 방식은 사실은 아이의 성장을 지연시키거나 기를 죽일 염려가 있다.

예를 들면 두 세살 아이에게 조금 복잡한 장난감을 주면 도중에 팽개치고 말지만 조금 큰 아이라면 계속 갖고 논다. 이것은 큰 아이는 작업의 목표를 나름대로 스스로 설정하고 곤란한 상황을 미리 알고 극복할 수 있기 때문이다. 그렇기 때문에 목표는 아이가 어리면 어린 대로 스스로 세우게 하여 어느 정도의 어려움을 미리 알 수 있게 해줄 필요가 있다.

아이들은 자극이 필요하다. 이것은 의심할 여지가 없다. 특히 어릴 때 자극의 필요성은 더더욱 절대적이다. 최근에 진행된 많은 연구에서 아이의 성장과 발전에는 분명한 목표가 있는 도전이 매우 중요하다는 사실이 발표되었다. 이것은 무엇보다도 뇌의 기능에 큰 영향을 미친다. 외부에서 오는 모든 자극은 신경과 결합하여 성품과 사고방식, 능력, 그밖에 창의력, 지성, 사회적 행동에도 영향을 미친다. 어떤 능력이 사용되고, 그렇지

〈그림 8〉 최대한 아이 스스로 하게 하라

않은지는 아이가 수용하는 자극의 종류와 양, 그리고 질에 따라 결정된다.

그렇다면 부모가 분명한 목표를 설정해 주고 아이에게 방법까지 제시해 주어야 할까? 당연히 그렇지 않다. 요즘 아이들은 자신이 배우고 싶은 것을 스스로 선택하고 싶어 한다. 아마 이는 모든 아이가 동경하는 바일 것이다. 놀이터로 놀러 가서도 그렇고 장난감으로 만들기 놀이를 할 때도 그렇다. 그림을 그리고, 무언가를 만들거나, 또는 노래를 부를 때에도 마찬가지이다.

완벽한 부모가 아니어도 충분해요

75. '이것' '어느 것' '무엇'의 반복이 아이의 사고력을 길러준다.

19세기의 철학자이자 교육학자인 에드바르드 세긴은 아이의 사고력을 자연스럽게 키워주는 방법으로서 물건의 이름을 세 단계로 나누어서 가르칠 것을 주장했다.

예를 들면 연필과 펜과 붓을 보여주고 1단계에서는 연필을 집어 들고 "이것은 연필이야."라고 하며 보여준다. 다음 2단계에서는 이 세 가지를 늘어놓고 "어느 것이 연필이지?" 하고 묻고는 아이 스스로 고르게 한다. 제3단계에서는 연필을 들고 "이것은 무엇이지?" 하고 묻는다. 이렇게 '이것' '어느 것' '무엇' 순서로 질문하고 답하게 하는 것이 '세긴의 3단계'라고 하는데 이것을 반복하면 아이의 사고력을 무리 없이 키워 나갈 수 있다.

부모들은 아이들에게 질문을 하고는 대답이 금세 나오지 않으면 기다리지 않고 답을 바로 알려 주는 경우가 있다. 부모는 이럴 때 자제력을 발휘해야 한다. 부모는 자신이 아는 것을 모두 가르쳐 주려 하지만, 부모가 잘 안다고 해서 전부 말해준다면 아이는 스스로 생각할 필요를 전혀 느끼지 못한다. 모르고 궁금한 부분이 있으면 부모에게 물어보기만 하면 된다고 생각할 수 있기 때문이다.

따라서 아이가 해답을 찾을 때까지 기다려 주고 아이가 문제를 어려워하거나 틀린 답을 말해도 바로 정답을 가르쳐 주는 것을 자제해야 한다. 약간의 힌트를 줌으로써 아이 스스로 해답을 찾는 데 도움을 주는 것이 훨씬 효과적이다.

76. 잘못을 꾸짖을 때는 내용보다 타이밍이 중요하다.

백화점의 장난감 코너에 가보면 갖고 싶은 장난감을 안 사 준다고 떼를 쓰며 우는 아이를 자주 볼 수 있다. 이럴 때 대개의 부모는 사람들이 보는 앞에서 아이를 야단치는 것을 꺼려서인지 결국은 사 주고 나서 나중에 "아까 너 그게 무슨 짓이니?"라고 야단을 친다.

그러나 이러한 꾸중 방식은 전혀 효과가 없다. '왜 야단을 맞는가'라는 원인과 결과가 잘 이해되지 않기 때문에 아이의 머리만 혼란 시킬 뿐이다. 입장을 바꿔 놓고 생각해 보면 쉽게 알 수 있다. 자녀 입장에서는 부모가 장난감을 사 주고 뒤늦게 야단을 치는 것은 이해할 수 없는 일이기 때문이다. 오히려 부모의 의도와는 달리 아이의 잘못된 행동만 강화할 뿐이다.

따라서 잘못을 꾸짖을 때는 아이가 자기 잘못을 이해할 수

완벽한 부모가 아니어도 충분해요

있는 시간에 맞춰서 해야 한다. 왜 야단맞는가를 잘 생각하게 하고 스스로 결론을 내리게 하기 위해서는 내용보다는 오히려 타이밍이 중요한 것이다.

77. 알고 싶어할 때 가르쳐준다.

"글이나 셈을 몇 살 때부터 가르치면 좋을까요?"라든가 "옆집의 네 살짜리 아이는 글자를 전부 쓸 수 있는데 같은 나이인 우리 아이는 자기 이름도 못 써요."라는 상담을 받을 때가 자주 있다. 이런 이야기를 들을 때마다 부모들은 아이에 관한 모든 것을 다 아는 듯이 보이지만 실제는 아무것도 모르는 것이 아닌가 하는 생각이 들곤 한다.

원래 아이의 지능 발달 속도는 각자 체중과 키가 서로 다르듯이 개인차가 있기 마련이다. 두 살이 되기 전에 벌써 어른과 크게 다름없이 이야기할 줄 아는 아이가 있는가 하면 두 살이 한참 지나도 무슨 말을 하는지 알아들을 수 없게 말하는 아이도 있다. 이것은 지능이나 능력의 차이라기 보다는 언어의 발달 속도가 빠른가 느린가의 차이일 뿐이다. 따라서 아이에게 몇 살 때부터 글을 가르쳐야 좋은가? 하는 것은 아이의 발달 속도를 무시하고 일률적으로 말할 수는 없다.

부모가 알아야 할 것은 가르치는 시기가 아니라 지금 아이가 무엇에 흥미를 보이고 있는가이다. 흥미를 보이기 시작할 때가 그것을 가르칠 기회이다. 이럴 때 '너무 이르지 않을까?'라는 걱정을 할 필요가 없다. '쇠는 달구어졌을 때 쳐라.'라는 옛말도 있듯이 흥미를 보이는 것을 가르쳐야만 아이가 스스로 그것을 배우려고 하는 것이다. 혹 글을 깨치는 시기가 너무 늦어서 걱정된다면, 먼저 어떻게 해야 아이에게 글에 대한 흥미를 불러일으킬 수 있을지 그 방법에 대해 고민해야 한다.

또 너무 오랜 시간 동안 가르치면 역효과가 날 수도 있다. 아이는 어른보다 흥미를 지속시키는 시간이 매우 짧아서 빨리 싫증을 내기 때문이다. 이것은 '정신적인 포만 상태'라고 설명할 수 있는데, 아이의 두뇌가 그 이상의 정보를 흡수하려 들지 않는 상황이다. 이럴 때는 기억력도 약해져서 열심히 가르쳐 보았자 정작 남는 것은 배움에 대한 부정적 기억밖에 없을 것이다. 중간에 의도적으로 끊어주면 높은 의욕 상태를 유지할 수 있게 된다. 공부하는 시간이 길다고 학습 성과가 큰 것은 아니다. 적당한 학습 시간과 또 얼마나 집중하느냐 하는 것이 중요하다.

78. 사물의 이름을 가르치면 식별능력이 생긴다.

러시아의 언어 심리학자 루리아는 한 살 반에서 두 살 반까지의 아기들을 대상으로 하여 빨간 상자와 녹색 상자를 식별하게 하는 실험을 했다. 그런데 유아들은 이런 간단한 것조차 식별할 수 없었다고 한다. 그래서 각 상자를 '빨강' '녹색'이라고 이름을 붙인 후에 실험을 다시 해보았더니 훨씬 빨리 식별하더라는 것이다. 또 다른 실험에서는, 3-5세 아동의 경우에는 바로 세운 삼각형과 기울어진 사각형을 식별하게 했지만 이름을 지정해도 여전히 잘하지 못했다. 하지만 나이를 높여 5세 이상의 아이들을 대상으로 벌인 같은 실험에서는 전혀 다른 결과가 나왔다. 즉 5세 이상의 아이들은 한번 이름을 가르쳐주면 잘못 구별하는 경우의 수가 2분의 1에서 3분의 1로 현격히 줄어드는 것으로 나타났다.

이 실험 결과를 통해 우리는 사물의 이름을 정확하게 가르쳐 주는 것이 사물의 차이점을 발견하고 그것을 식별하는 능력을 길러 주는 데 탁월한 효과가 있다는 것을 쉽게 알 수 있다. 다시 말해서 사물과 이름의 관계를 정확히 짚어주는 부모의 태도가 아이의 과학적인 생각의 깊이를 길러줄 수 있다는 이야기다.

예를 들면 아이는 종종 "이건 뭐야?"라고 질문한다. 이럴 때 "꽃이야."라든가 "자동차"라고만 대답할 게 아니라 꽃이라면 "국화" "코스모스", 자동차라면 "버스" "트럭"과 같은 식으로 그 자체의 고유한 이름으로 확실하게 구별시켜 주면 점차 아이에게 식별 능력이 생기게 된다. 반대로 부모가 아이에게 "이것은 뭐지?"라고 되묻는 것도 이러한 능력을 높여주는 데 도움이 된다.

79. 글을 가르칠 때는 주변의 구체적인 사물부터 시작한다.

미국에서는 아이에게 글을 가르칠 때 '도만 방식'이라는 방법을 주로 사용한다. 두 살 이전부터 시작되는데 그 원리는 아이의 주변에 있는 사물부터 시작하여 점점 멀리 있는 사물로 나아가는 것이다. 예를 들면 '엄마' '아빠'로부터 시작하여 다음에는 '손' '머리' 등 자기 신체로 옮겨가며, 다음에는 텔레비전, 문 등 약간 먼 곳에 있는 것으로 나아간다.

또한 이때 처음에는 빨갛고 큰 글자를 이용하여 아이에게 강하게 인상을 심어주고 단계적으로 글자를 작게 줄여가면서 마지막에는 검고 작은 활자로 가르치는 것이다. 이 방식대로 가르치면 아이가 큰 무리 없이 문자에 익숙해지고 즐겁게 글자를 익혀

완벽한 부모가 아니어도 충분해요

갈 수 있다. 한자를 가르칠 때도 이 원칙이 그대로 들어맞는다. 한자를 가르치는 방식도 한자의 어려움에 구애 받지 않고 구체적인 사물이나 주변 가까이에 있는 것부터 가르쳐가는 방식이다.

아이에게 글자를 가르치기 시작할 때, 어머니들이 저지르기 쉬운 실수 중 하나는 '가갸거겨, ㄱㄴㄷㄹ, 아야어여' 를 통째로 암기시키려는 것이다. 교육적인 면에서 볼 때 이것은 그리 좋은 방법이 아니다. 의미가 없는 낱소리에서부터 시작하는 문자 교육은 효율적이지 못하기 때문이다.

문자 교육에는 두 가지 방법이 있다. 첫째는 '산' '토' '끼'와 같이 한자 한자 떼어서 가르치는 방식이고, 둘째는 '산토끼'처럼 덩어리로 가르치는 방법이다. 이 두 가지 방식은 각기 장단점이 있다. 한자 한자씩 가르치는 방식은 그 자체만으로 아무런 뜻도 없는 글자를 전후 관계도 없이 가르치는 것이기 때문에 아이가 어렵게 느껴서 싫증을 내기가 쉽다. 이에 반해 덩어리 방식은 그 자체를 아이들도 알고 있는 구체적인 의미를 갖는 단어지만, '인형'과 같이 어느 글자를 어떻게 발음하는가 하는, 이른바 음운 분절이 곤란한 경우가 발생한다.

그리하여 절충안으로서 '비둘기'의 '비', '비행기'의 '비'와 같이 전후의 관계 속에서 '비'라는 단어를 가르치는 방식이 출현했는데, 이 방법이 상대적으로 가장 효율적인 방식이라고 할 수

있다. 물론 아이는 암기력이 좋아서 가갸거겨를 통째로 외울 수
는 있다. 그러나 의미가 담긴 문장을 읽을 수 있도록 문자를 가
르치는 방식이 아이들에게는 더 알맞다.

80. 수를 세는 것과 이해하는 것은 다르다.

"우리 집 아이는 수학적 재능이 있는 것 같아요? 갓 세 살인
데도 벌써 열까지 세요." 이런 사실을 은근히 자랑하는 부모를
만나서 놀라는 일이 가끔 있다. 물론 아이의 가능성을 믿는 것
은 아주 좋은 일이다. 그러나 지나친 기대는 오히려 아이에게 부
담을 주고 부모에게는 적지 않은 실망을 주기 때문에 내심 걱정
이 앞서곤 한다.

사실 아이가 수를 셀 수 있다는 것과 수를 이해한다는 것은
별개의 문제이다. 아이가 수를 기계적으로 셀 수 있다고 해서
그 아이가 수학적으로 뛰어난 것은 아니다. 그렇기 때문에 아이
에게 수를 가르칠 때 '하나, 둘, 셋'하고 외우게 하는 것은 무의
미하다. 정말로 수를 이해시키고 싶다면 사물과 관련지어 수를
셀 수 있도록 가르쳐야 한다.

예를 들어 야외에 나갔을 때 아이에게 돌 10개를 주워 오라

고 시켜보자. 아이가 모아오는 돌은 아마도 그 색깔이나 크기가 엇비슷한 것들일 것이다. 무슨 말인가 하면, 수를 세기 시작할 무렵에는 구체적인 사물과 추상적인 숫자를 따로 떼어내서 생각할 수 없다는 이야기다. 그래서 아이들은 인형끼리 모아놓고 수를 세어 보라고 하면 쉽게 수를 헤아리지만, 여러 종류의 장난감과 책을 뒤섞어 놓고 세어 보라고 하면 당황해 어쩔 줄 몰라 한다.

그러므로 수는 구체적인 사물과 상대적으로 독립된 존재라는 것을 생김새나 성격이 전혀 다른 사물을 가지고 이해시키면 아이의 사고력을 높이는 데 매우 효과적이다. 10개의 돌을 주워오라고 할 경우에도 큰 돌, 작은 돌, 검은 돌, 흰 돌 등 형태와 크기, 색깔 등이 서로 다른 돌을 주워 오도록 알려 주는 것이 좋다. 또한 이 방법은 '많다, 적다' '크다, 작다' '길다, 짧다' 등 수를 이해하는 데 필요한 말을 숫자와 연결해 가르칠 수 있기 때문에 언어 발달에도 도움이 된다.

81. 아무리 엉터리 그림이라도 무엇을 그린 것인지 물어본다.

아이가 그림을 그리기 시작하면 대략 세 살에서 여섯 살 경까지 여러 단계를 밟은 후에 자신이 그린 그림이 무슨 그림인지를 명명할 수 있게 된다. 관련 조사연구에 따르면 세 살 때는 90%가 명명을 안 하고 나머지 10%가 그린 후에 명명한데 비해서, 네 살에는 명명을 안 하는 아이가 18%로 감소하고 그리는 도중에 이름을 붙이는 아이가 37%, 다섯 살이 되면 그리기 전에 이름을 붙이는 아이가 80%나 되고 있다.

여기서 주목하고 싶은 것은 그리기 전에 확실하게 무엇을 그리는지 모르는 시기에는 그린 뒤에, 혹은 그리는 도중에 자신의 그림에 이름을 부여한다는 것이다. 이것은 이 단계에서는 어른에게는 무엇을 그린 것인지 알 수 없는 개발세발 그림이라도 아이에게는 그 나름대로 의미가 있다는 것이다. 다만 아직 명명이라는 언어 작업과 결합하는 것이 어려울 뿐이다. 즉 아이는 자신의 내부에 있는 이름 붙이기 어려운 이미지를 나름대로 그림으로 그려서 표현하고 있는 것이라고 할 수 있다.

따라서 이러한 그림에 대해서는 그것이 아무리 형태를 알 수 없는 엉터리 그림이라고 생각되어도 무엇을 그린 것인지를 아이에게 물어보아야 한다. 그 질문에 의해 아이는 자신이 그린 것, 자신이 막연하게 품고 있던 것을 비로소 지적인 흥미로 재검토하고 거기에서 새로운 의미를 발견한다. 그리고 그 그림도 이 명명 훈련 때문에 확실한 이미지를 갖게 되는 것이다.

82. 여러 가지 모양의 컵에 물을 따라 마시게 한다.

주위의 사물에 익숙해지기 시작하면 아이는 새로운 것에 시선을 돌리게 된다. 그렇다고 해서 흥미를 갖는 시간이 짧은 아이에게 계속해서 새 장난감을 사 줄 수도 없는 노릇이다. 또 장난감이라고 해서 모두 다 교육적인 것은 아니다. 이때 부모가 조금만 주의를 기울이면 주변에 있는 모든 사물이 아이의 흥미를 유발하는 훌륭한 교육재료가 될 수 있다.

우선 아이가 매일 마시는 물을 생각해 보자. 요즘은 아이용 식기가 많이 나와 있어 예쁜 그림이 그려진 전용 컵으로만 물을 마시는 아이가 많다. 그러나 한 번쯤은 같은 양의 물을 가늘고 긴 컵에 물을 따라주며 "물 모양이 변했네."라고 말해 보자. 그러면 아이는 신기한 듯 컵을 살필 것이다. 다시 굵고 키가 낮은 컵으로 옮기게 하면 눈앞에서 물이 옮겨지는 것을 보면서 아이는 컵의 형태가 변하면 물의 모양도 변한다는 것을 알게 된다. 이것은 스위스의 발달심리학의 대가 피아제가 실시한 보존 실험의 하나이다.

보존이란 사물의 양이나 무게 등이 어떻게 변형되고 이동해도, '빼고', '더하는' 별도의 작업이 없는 한 항상 같은 값이라는 것을 의미한다. 이 보존 개념의 확립이 어린 시절의 중요한 정신 발달의 목표인 만큼, 그 훈련을 위해서 주스를 마시게 하기 전에 아이의 눈앞에서 형태가 서로 다른 컵에 옮겨 담아 보이는 것도 두뇌 발달의 좋은 방법이 된다.

83. 아이에게 돈을 주고 물건을 사게 한다.

아이들이 즐겨 하는 놀이 중에 '시장놀이'라는 것이 있다. 부모를 흉내 내며 손님이 되거나 가게 주인이 되기도 하는데, 이 놀이를 익숙하게 하면 진짜로 돈을 주어서 실제로 물건을 사보게 하는 것도 좋다. 왜냐하면 '무엇 무엇을 했다고 가상하는 것'과 실제로 해보는 것은 그 박진감이 전혀 다르기 때문이다. 말하자면 진짜를 가지고 하는 교육이야말로 아이에게 실제적인 지식과 기술을 생각하게 하는 좋은 방법이기 때문이다. 그래서 간략하게 어린이용으로 만들어 놓은 것보다는 진짜 본래의 모짜르트나 바하를 들려주는 것이 효과적이라는 것은 이제는 유아 교육의 상식처럼 되어 버렸다.

그런데 부모들에게는 어린아이에게 돈을 주거나 쇼핑을 시키려고 하지 않는 경향이 있다. 금전을 가까이하게 하는 것을 좋지 않게 생각하는 예전 습관의 영향인지는 모르겠지만 유독 돈에 대해서만 교육을 간과하는 것은 문제가 있다고 생각한다. 이 돈에 대한 실제적인 교육의 효과와 함께 아이에게 현금을 주어서 물건을 사게 하는 방법은 수학에 대한 흥미를 키워줄 수 있다는 점에서 더욱 바람직하다.

유치원의 마당에 만들어진 교통신호를 이용하여 아이에게 신호를 지키며 길을 건너는 방법을 가르치는 것도 필요하지만 거리에서 실제로 훈련하는 것이 몇 배의 효과가 있다는 것은 누가 생각해도 분명한 것과 마찬가지의 이치이다. 아이의 안전이 담보된다면 말이다.

84. 아이의 장난감은 아이가 고르게 한다.

아이가 제 주장을 확실히 내세우기 시작하는 서너 살 무렵부터는 자기만의 취향이 생긴다. 그래서 장난감이나 옷을 살 때는 부모와 자주 마찰을 일으키기도 한다. 실제로 부모가 사다준 옷을 입지 않으려 해 속상해 하는 어머니를 종종 보게 된다.

부모에게는 아이가 빨리 자라 제 할 일을 스스로 하기를 바라는 한편, 부모를 필요로 하고 의존하기를 기대하는 양면성이 있다. 그래서 아이가 뭐든 혼자 하려고 하면 허전하고 섭섭한 느낌이 들기도 한다. 그러나 사실 부모에게 있어서 아이가 자라 자기 생각을 거침없이 말하고 행동하게 됐다는 것은 자연스럽고 자랑스러운 일이다.

이때는 아이의 성장을 인정해 주고 독립적으로 행동할 기회를 마련해 주는 것이 좋다. 물론 몇 번의 시행착오는 거쳐야 한다. 아이에게 맨 처음 장난감을 고르라고 하면 뭘 잡아야 할지를 몰라 한참을 망설이다 눈에 띄는 대로 집어 들기 일쑤다. 일단은 아이가 고른 물건을 사 주되, 그 장난감으로 무엇을 하며 놀 수 있을지 아이와 함께 생각해 보자. 또 그 옷은 예쁘긴 한데 놀거나 화장실 갈 때 불편하지 않을까 물어보면서 점차 실용적이면서도 자기 취향에 맞는 물건을 고를 수 있도록 도와주면 어떨까? 짧은 시간 안에 여러 가지를 비교하고 생각해서 결정하는 능력은 아이의 지능을 발달시키는 중요한 계기가 된다.

85. 심부름을 시킬 때 종이에 쓰지 않고 말로 한다.

아이에게 쇼핑이나 전하는 말 등의 심부름을 시키는 것이 아이의 다양한 능력 발달에 도움이 된다는 것은 당연한 일이지

완벽한 부모가 아니어도 충분해요

만 여기에서 조금만 더 궁리하면 아이의 두뇌, 특히 기억력의 발달을 도모할 수 있다.

심부름의 내용을 종이에 쓰지 말고 입으로 옮기게 하여 기억력을 발달시키는 훈련을 한다. 이 경우 기억력이란 심부름의 내용을 문자나 기호 혹은 이미지로 바꾸어서 머릿속에 담아 필요에 따라 그것을 끌어내는 능력을 말한다. 따라서 종이를 보지 않고 생각해 낼 수 있게 하면 그 정보를 기억하는 방법과 기억한 내용을 끌어내는 능력을 단련하는 훈련이 된다. 물론 어린아이의 경우에는 처음부터 단번에 그 단계까지 바라는 것은 무리일 수도 있다. 그런 경우를 대비해서 다음과 같은 3단계 훈련 방법을 권하고 싶다.

우선 첫 단계에서는 심부름의 내용을 종이에 써서 아이에게 기억시킨다. 이때 글자를 아직 읽지 못하는 아이라면 간단한 그림이나 기호를 써서 주면 좋을 것이다. 그리고 그 종이를 작게 접어서 "만약 잊어버리면 그때만 그 종이를 보는 거야."라고 말해주고 주머니에 넣어준다. 시간이 지나 종이를 보지 않고 심부름을 갈 수 있게 되면 기억한 종이를 아이 앞에서 찢어버린다. 이것이 제2단계이다. 제3단계는 아이가 기억에 자신을 갖게 되면 앞에 말한 대로 종이에 쓰지 않고 완전하게 말로만 전하게 한다. 이렇게 하면 네 살 정도의 아이라도 대개 1개월만 지나면

3단계에 도달한다.

86. 아이가 해야 할 일을 한꺼번에 알려준다.

당신은 아이에게 심부름을 시킬 때 알기 쉽게 하는 것만 고려한 나머지 하나를 알려 주고 난 다음에 그것이 끝난 후에 또하나를 일러주는 식으로 한 번에 한 가지씩만 일러주고 있지는 않은가? 얼핏 자상한 것처럼 보이는 이 방법도 실은 아이의 지적인 능력의 발달을 위해서는 별로 좋은 방법은 아니다. 왜냐하면 한꺼번에 한 가지씩만 시키면 아이는 일러준 대로 오로지 그것만을 충실하게 실행에 옮길 뿐이다. 그러나 한 번에 두 가지이상을 동시에 일러주면 어떨까? 아이의 마음에 긴장이 생겨일러준 것을 확실하게 기억하려 하며, 또 무엇부터 어떤 순서로할 것인가를 생각할 수밖에 없을 것이다.

예를 들면 "놀러 갔다 오면서 두부와 감자를 사 오고 마당을 청소해라."라고 일러줄 때 아이는 심부름은 놀고 난 다음에하면 되고 마당 청소는 어두워진 다음에는 할 수 없으므로 놀기 전에 하자고 생각할 수 있으며 야무진 아이라면 친구에게 쇼핑을 부탁할지도 모른다. 또 부서지기 쉬운 두부를 위에 놓아야

완벽한 부모가 아니어도 충분해요

하겠다는 생각을 해볼 여유도 갖게 된다. 그러다 보면 일의 우선순위나 효율적인 일 처리 방법을 자연스럽게 생각하게 되어 사고력이 향상되는 것은 물론, 일상생활에서도 독립적인 아이로 성장하게 된다.

87. 사물의 쓰임새를 한 가지로 제한하지 않는다.

"사물과 인간의 관계는 자유스러울수록 좋다."라고 말한 시인이 있다. 예를 들면 여기에 펜이 있다고 하자. 이 펜이 뭔가를 쓰기 위한 도구라고만 생각하는 어른에게 있어서 사물과 인간의 관계는 부자유스러운 것이다. 즉 고정되어 있는 것이다. 그런데 아이에게 펜을 쥐어주면 사탕처럼 빨기도 하고 나뭇가지처럼 꺾으려고 하거나 칼처럼 휘두를 것이다. 이럴 때 아이들과 사물과의 관계는 어른보다 대단히 자유스럽다. 이렇게 두뇌의 사유 범위를 확대해 주는 것은 다면적으로 사물을 생각하는 능력과 긴밀하게 연결되어 있다. 나아가서는 하나의 사실로부터 다양한 사항들을 생각할 수 있는 상상력도 기를 수 있다.

아이들이 놀이하고 있는 것을 보노라면 아이의 교육에 대해서 여러 가지로 배울 점이 많다. 예를 들면 완두콩을 감자라고 한다거나 도마를 인형의 침대로 삼는 등 도구나 사물의 정해진 용도를 무시하고 자유롭게 용도를 생각하는 창의력 훈련을 무의식중에 하고 있기 때문이다.

이 자유로운 발상을 더욱 키워서 창의력을 심화시키기 위해 주변에 있는 도구의 용도를 차례대로 열거하게 하는 방법이 있다. 예를 들면 스푼을 꺼내서 "이것은 어디에 사용하는 거지?" 하고 물어본다. 다섯 살 된 어느 아이에게 실험을 해보았더니 "밥 먹는데"는 물론이고 "수프를 먹는데", "모래를 파는데", "귀이개", "삽", "칼" 등 20가지가 넘는 용도가 거침없이 나와서 모두를 놀라게 했다. 미국에서 학령기 아이들을 똑같은 방법으로 조사해 보았더니, 벽돌의 용도를 40개나 열거한 적이 있었다고 한다. 부모도 같이 용도를 열거하자 아이는 자극을 받아 더욱 많은 용도를 생각한 것이다. 그리고 부모와 아이의 독창력을 비교하는 실험을 했는데, 머리가 유연한 아이가 항상 이겼다는 것이다. 이 유연성을 잃지 않게 하는 것이 부모의 중요한 역할이다.

커다란 종이를 잘라서 각 종이에 스푼, 포크, 이쑤시개 등 조그만 도구를 테이프로 붙여두고 아이의 발상은 붉은 글씨, 부모는 검은 글자라는 식으로 나누는 등 즐거운 놀이로까지 발전시키는 것도 좋을 것이다. 일상생활 속의 창의력 계발 놀이라고 할까?

88. 재활용을 아이와 함께 하면 창의력이 좋아진다.

요즘은 매주 정해진 요일마다 재활용품을 내놓으면, 환경미화원 아저씨가 알아서 수거해 간다. 이것을 창의력 교육과 연결해 보면 어떨까? 이러한 곳에도 실천해 보면 좋을 재미있는 방법이 숨어 있다. 아이가 발상을 달리해서 생각해 보는 습관을 갖도록 만드는 것은 아주 좋은 창의력 계발 훈련이 된다.

예를 들면 집에서 버릴 폐품을 가지고 아이에게 "애야 이것을 다른 곳에 쓸 수는 없을까? 버리기에는 아깝지 않을까" 하고 물어보는 것이다. 이렇게 질문하는 것은 발상을 달리해서 생각하는 습관을 길러주는 데 매우 유용한 교육 방법이 될 수 있다. 또한 사물을 볼 때 단순히 쓰임새부터 생각하는 습관에서 벗어나 사물의 재질, 색깔 등 평소에는 신경을 쓰지 않던 부분까지 생각하게 한다.

이러한 세부적인 사항을 일상생활 속에서 발견하게 하면 관찰력도 예리해지고 사고력도 유연해진다. 즉 아이의 창의력이 계발되는 것이다. 더구나 사물을 소중하게 생각할 줄 아는 정서 교육에도 도움이 되므로 일석이조인 셈이다.

89. "예' "아니오"로 답할 수 없는 질문을 한다.

신문이나 방송의 기자가 인터뷰를 잘하는 요령은 상대에게" 예" "아니오"로 대답할 수 없는 질문을 하는 것이라고 한다. 예를 들면 "당신은 서울대학교 학생입니까?", "예", "공학부입니까?", "예"라는 단순한 질문으로는 상대로부터 그 이상의 이야기를 들을 수 없을 것이다. 이것을 조금 바꾸어서 "당신은 서울대학교를 어떻게 생각합니까?"라고 질문한다면 대답하는 측에서는 자신의 의견을 정리해서 대답을 할 수 있을 때까지 곰곰이 생각할 수밖에 없을 것이다. 따라서 뛰어난 인터뷰어일수록 누구나 할 수 있는 천편일률적인 대답이 아니라 그 사람 나름대로 독창성과 개성을 끌어내는 뱃길 안내인의 역할을 하는 것이다. 이러한 개방적인 인터뷰방식은 아이와 이야기할 때도 효과를 발휘한다. 부모 중에는 아이의 자유로운 발언을 처음부터 틀어막는 듯한 어조로 이야기를 거는 사람도 종종 있다. "저기 있는 것은 포스터이지?" 이렇게 물으면 아이가 생각할 여유가 없을 수밖에 없다. 이런 경우에 적어도 "무엇이", "어디에서", "언제", "어째서", "어떻게 생각하니?" 정도는 아이도 스스로 대답할 수 있게끔 물어봐 주는 것이 사고력, 표현력 개발 측면에서 보더라

완벽한 부모가 아니어도 충분해요

도 효과적이라고 할 수 있다.

90. 엉뚱한 질문에도 성의껏 대답한다.

세 살쯤이 되면 아이는 "왜", "어째서"라는 질문을 일과처럼 연발하기 마련이다. 이때 부모들은 다음과 같은 방법으로 아이의 지적 호기심을 죽이곤 한다. 첫 번째는 잘 모르거나 귀찮다고 해서 "다음에 말해줄 게." "원래 그런 거야." 하고 어정쩡하게 넘어가는 경우다. 이는 아이로 하여금 지적 호기심을 저하하는 결과를 낳아 지능 발달에 나쁜 영향을 끼친다. 두 번째는 아이의 질문에 완벽하게 대답하지 못하면 부모의 권위가 무너진다고 생각해 아는 대로 모두 가르치려 드는 경우이다. 그러나 잘 안다고 해서 모든 것을 말해준다면 아이는 스스로 생각할 필요를 느끼지 못하게 된다. 모르거나 궁금한 부분이 있으면, 부모에게 물어보기만 하면 된다고 생각해 버릴 테니 말이다. 하지만 아이의 이해도는 어른들이 생각하는 것보다 훨씬 좋기 때문에 무리하게 애쓸 필요가 없다. 그냥 아이의 수준에 맞는 답변만 해주어도 충분하다.

결국 중요한 것은 내킬 때만 열심히 가르치고 귀찮을 때는 대꾸도 하지 않는 안일한 태도가 아니라 물어올 때마다 성실한 자세로 쉽게 설명하려는 마음가짐이다. 부모는 논리적이고 과학적인 대답을 하여 아이에게 정확한 인식의 싹을 심어주고 싶어 한다. 그러나 아이의 입장에서 본다면 어떤 대답을 들어도 그것으로 의문이 전부 해소되는 것은 아니기 때문에 정확함만을 고집할 필요는 없다.

또 어른들 중에는 아이와 말하면서, 아이가 쓰는 단어와 말투를 그대로 흉내 내는 사람이 있다. 또 아이가 어른들이 보기에 말도 안 되는 질문을 하면 놀려 주려고만 든다. 이런 장면을 볼 때마다 나는 미국 유학을 다녀온 한 친구가 내게 들려준 이야기를 떠올리게 된다. 너댓 살 정도의 아이가 수염이 덥수룩한 히피풍의 남자에게 물었다. "아저씨는 왜 맨발로 다녀요? 발 안 아파요?" 남자는 물끄러미 아이의 눈을 쳐다본 다음 천천히 어른에게 이야기하듯 이렇게 대답했다. "이것은 나의 철학이란다. 신발 없이 직접 지구를 느끼고 싶거든." 그러자 아이는 이해했다는 듯이 고개를 끄덕이며 말했다. "그럼, 철학자군요." 아마도 아이는 그때 '철학'이라는 말의 뜻을 생생하게 깨달았을 것이다. 또 하나, 아이는 그가 어른을 대하는 것처럼 아주 성실하고 진지하게 답변해 주었으므로, 자신의 질문이 대답을 들을 만한 충분한 가치가 있는 것이라고 느꼈을 것이다.

완벽한 부모가 아니어도 충분해요

이 일화에서 본 것처럼 아이는 누군가에게 질문할 수 있는 자유를 얻게 되면, 자신의 지적인 영역을 넓혀갈 기회를 얻게 된다. 반면에 어른이 불성실한 태도로 시큰둥한 반응을 보이면, 아이는 뭔가를 묻고 싶어도 어차피 충실한 대답을 들을 수 없다는 사실을 직감하고, 입을 다문 채 자신만의 작은 테두리 안에 머물게 된다.

91. 아이의 질문에 '만약'이라고 되묻는다.

아이는 왜 그렇게 알고 싶은 것이 많은지 이상하게 생각될 정도로 다양한 질문을 한다. 이러한 아이의 질문과 이에 대한 부모의 대답을 통해서 아이의 사고영역이 확장되기 때문에 똑같은 대답을 하더라도 약간만 궁리하면 그 효과를 몇 배나 올릴 수 있다.

이 궁리란 아이의 평범한 질문에 즉시 대답해 주는 것이 아니라 아이 질문의 정체를 아이 자신에게 더욱 확실하게 인식시키고 아이 스스로 대답을 발견할 수 있도록 해주는 것이다. 그때 유효한 무기가 되는 것이 '만약'이라는 역질문이다. 예를 들면 "어째서 밤에는 잠을 자야 해요?"라는 질문에 대해서 "하지만 만약 자지 않으면 어떻게 될까?"라고 되물어 주는 것이다.

아이는 만약 "자지 않으면 어떻게 되지?"라고 스스로 생각한다. 그로부터 파생되는 가능성을 다양하게 검토할 기회를 얻게 되는데, 그 결과 "자지 않으면 졸리니까."라든가 "피곤하니까."라든가 "아침에 일어날 수 없으니까."라고 대답을 스스로 생각해낸다. 이렇게 '만약'이라는 역질문은 아이가 자신이 한 질문에 대한 모든 가능성을 생각하는 데에 있어서 대단히 효과적이다. 즉 아이 스스로 문제에 대한 해답을 찾아낼 수 있도록 부모가 힌트를 주는 것이다.

92. 틀리게 말하는 것은 성장하고 있다는 증거이다.

아이가 말을 가장 많이 배우는 때는 세 살에서 네 살까지라고 한다. 세 살 때 1년간에 천개 이상의 말을 배우는 아이도 많은데, 그런 만큼 이 때가 되면 눈에 띄게 말을 틀리게 말하는 경우가 많아진다. 이런 아이를 보고 걱정을 하는 부모가 많이 있는 모양인데, 이것은 아이가 스스로 생각하고 그것을 말로 표현하려고 한다는 증거이므로 신경을 쓰지 않아도 좋다.

지금까지 아이는 부모나 형제자매가 하는 말을 기계적으로

완벽한 부모가 아니어도 충분해요

흉내를 내며 의사소통의 수단으로 삼아왔다. 그 시기에는 아이가 미숙하여서 언어를 이상하게 사용하는 것은 당연하다. 그 후세 살 내지 네 살 정도가 되면 두뇌가 발달하여 스스로 적극적으로 말을 하게 된다. 그렇기 때문에 오류도 증가하게 된다. 만약 이 시기가 되어도 오류가 별로 나타나지 않는다면 아직 모방의 시기가 끝나지 않았다고 생각할 수 있다.

이렇게 생각하면 아이의 언어사용의 오류를 무리하게 고치려고 하는 것은 아이 자신이 적극적으로 생각하는 것을 금지하는 것이나 다름 없을 것이다. 무리하게 고치려고 하지 않더라도 자신이 사용하는 말이 상대에게 잘 전달되지 않고 있다는 것을 알면 자연스럽게 올바른 사용 방법을 스스로 깨닫게 된다. 언어의 규칙에 구애되어 아이의 자유스러운 발상의 싹을 잘라버리고 마는 그것은 아이의 긴 장래를 생각하더라도 결코 좋은 일이 아니다.

93. 아이가 하고 싶어 하는 말을 앞질러서 말하지 마라.

아직 언어능력이 낮은 아이가 열심히 어른과 같은 말로 자신을 표현하려고 하는 모습은 애처로운 모습으로 보일 때도 있다.

이럴 때 부모로서는 "응- 알았어. 네가 말하고 싶어 하는 것은 결국 …" 하며 아이를 앞질러서 대신 말해버리고 싶기 마련이다. 재빨리 아이의 부담을 덜어주고 싶어 하는 부모의 마음이라고도 할 수 있다.

그러나 아이의 표현능력 발달을 생각한다면 이것은 역효과를 가져온다. 아이가 말하고자 하는 것을 앞질러서 말하면 아이는 표현하려는 의욕을 잃어버리고 만다. 떠듬거리더라도 아이가 이야기할 때까지 기다려 주는 배려가 아이를 성장시키는 것이다.

앞에서 서너 살 정도 아이의 언어사용에서의 오류는 성장하고 있다는 증거라는 이야기를 했다. 갓 배우기 시작한 말을 스스로 생각하여 사용하려고 하므로 이 시기에는 오류뿐만 아니라 같은 것을 반복한다거나, 더듬는다거나, 말을 머뭇거리는 경우가 많다. 이것도 아이가 말을 자유롭게 사용하게 되기까지의 과도기적 현상으로서 뇌의 언어중추가 완전하게 형성되면 자연스럽게 없어진다.

그런데 부모 처지에서는 아이가 말을 더듬는다던가 머뭇거리면 "좀 똑바로 이야기해.", "자, 자 그다음은?" 하며 즉각 주의를 주고 싶어지기 마련이다. 이래서는 아이가 자의식 과잉이 되어 오히려 언어 발달이 늦어지는 결과가 되고 만다. "숨을 한번 들이킨 다음에 잘 생각해 보고 이야기해 봐."라고 부드럽게 이

완벽한 부모가 아니어도 충분해요

야기하는 것도 똑같은 위험이 있다고 지적하는 전문가도 있다.

가장 좋은 방법은 이야기의 정확성에 지나치게 신경을 쓰지 말고 아이가 말을 찾는 동안에는 재촉하지 않고 천천히 기다려 주는 것이다. 아이는 부모가 잘 들어주는 것을 아는 것만으로도 당황하지 않게 되어, 이야기하는 도중에 '실수하는' 일도 점차 적어지게 된다. 부모가 이야기할 때도 빠른 말투로 말하는 것은 금물이다. 듣는 것도, 말하는 것도 '천천히' 하는 것이 이 시기의 아이를 대하는 좋은 모습이다.

94. 빠뜨리기 쉬운 연결어를 보충해 준다.

아이들의 이야기에서 나타나는 특징 중의 하나는 "나 철수 공원 갔다."라는 식으로 마치 전보문 같은 표현이라는 점인데, 이것을 언어심리학에서는 '모방삭감'이라고 부른다. 즉 부모가 이야기하는 완전한 문장으로부터 명사, 형용사, 동사 등 얼핏 들어서 의미가 통하는 내용만을 뽑아낸 것이다. 이것은 의미를 전달하는 데 있어서 절대적으로 필요한 것으로서, 일반적으로 말할 때 확실하게 역량을 붙여서 발음하는 것들이다. 유아는 아직 언어능력이 발달하여 있지 않기 때문에 이것만을 흉내 내어

이처럼 이야기하는 것이다.

따라서 언어능력을 바르게 발달시키기 위해서는 유아가 빠뜨리는 언어를 보충하고 완전한 문장이 되도록 지도하면 좋다. "나(는) 철수(하고) 공원(에) 갔다."와 같이 의미가 전달될 수 있는 언어들을 엮어주는 접속어에 주의하여 완전한 문장에 가깝게 해주는 것이 부모의 역할이다.

이것은 '모방확장'이라고 불리는 방식으로서 이미 보통 부모들이라면 무의식중에 아이의 미숙한 이야기에 대해 "아- 그래? 네가 철수하고 공원에 갔었다고?"라고 정정해 준다. 아이에게 일찍 올바른 언어습관을 들이기 위해서는 의식적으로 끊임없이 접속어를 보완한 표현으로 유아의 말에 반응해 주는 것이다. 접속어만이 아니라 예를 들어 아이가 "주스"라고 말했을 때, "나는 주스가 먹고 싶다."라고 말할 수 있도록 지도해 주는 것도 좋다. 아이의 올바른 이야기는 부모의 조리 있는 이야기에 달려 있다.

95. 엉뚱한 발상이 창의력의 씨앗이 된다.

때때로 아이들은 어른들이 미처 생각하지도 못하는 기발하고 독창적인 질문을 한다. "얼룩말 얼룩은 검은 바탕에 하얀 줄

무늬예요, 아니면 하얀 바탕에 검은 줄무늬예요?"와 같은 물음에는 선생님이라도 난처해질 수밖에 없다. "왜"라든가 "무엇"을 연발하는 아이의 알고 싶어하는 것은 때로 어른들조차 깜짝 놀랄 정도로 생각지도 못했던 신선한 발상일 수도 있다. 예를 들면 "도깨비는 나쁜 짓을 한 것도 아닌데 왜 사람들은 무서워하는 거죠?"라고 묻는 아이들도 있다. 나쁜 짓을 했건 안 했건 도깨비란 나쁜 것, 그리고 벌 받아야 하는 것이라고 믿어버리고 마는 어른의 발상을 아이가 납득하지 못하는 것은 어찌 보면 당연하다. 아이가 품은 의문이 그저 터무니없는 것이라고 치부할 수는 할 수 없다. 이렇게 엉뚱한 질문도 상식에 묶인 어른들의 딱딱한 머리에서는 결코 나오지 않는다. 그뿐만 아니라 나아가 머리가 굳은 어른이 되면 아이의 발상을 존중하거나 칭찬하기는커녕 "그 무슨 바보 같은 소리냐?"라는 식으로 일갈해서 아이의 마음에 상처를 주기 쉽다. 부모로부터 옛날이야기를 많이 들은 아이일수록 제 스스로 이야기를 창조해 내고 이야기에 살을 붙일 줄 아는 지혜가 쌓인다. 설령 아무리 엉뚱한 생각이라도 아이의 코 앞에서 무시하지 말고 창의력의 싹을 찾아내고 평가해 주는 것이 아이를 위하는 길이다.

96. 뭔가에 열중한 아이를 방해하지 않는다.

아이가 뭔가에 열중해서 자야 할 시간도 잊고 있을 때 당신이라면 어떻게 하겠는가? 이럴 때 "자, 빨리 자야지." 하며 부모가 일방적으로 침대에 눕게 하는 게 보통이 아닐까? 물론 규칙적인 생활 습관을 들이기 위해서는 정해진 시간에 정확하게 재우는 그것도 중요하지만, 아이의 지적 발달을 자발적으로 촉진한다는 점에서는 앞에서도 말했듯이 오히려 내버려두는 것이 좋다.

원래 인간의 학습이나 진보는 정신을 집중하고 있을 때 이루어지는 것인 만큼 대상에 집중하는 학습은 특히 어린 시절에 익숙해지도록 해주어야 한다. 그런 의미에서는 무언가에 집중하는 시간을 늘여주는 것도 두뇌 계발의 중요한 방법의 하나라고 할 수 있다.

가끔 아이가 길가에 쪼그리고 앉아 땅을 유심히 바라보고 있는 광경을 보았을 것이다. 벌레가 기어가는 그것을 줄곧 바라본다거나 물웅덩이에서 물이 흘러 나가는 것을 싫증도 내지 않고 바라보고 있어야 한다. 이럴 때 부모는 처음에는 그대로 내버려두지만 조금 있다가는 "자, 이제 그만." 하고 아이를 재촉한다. 집안에서도 마찬가지여서 책을 열심히 읽고 있는 아이에게 "자,

완벽한 부모가 아니어도 충분해요

과일 좀 먹어라." 하고 아무렇지도 않게 소리를 질러대는 부모가 적지 않다. 이래서는 모처럼 집중하고 있는 아이의 주의를 어른의 편의에 따라 중단시키고 마는 것이다. 이런 일들이 계속되면 집중력이 없는 아이로 자랄 위험이 있다.

따라서 규칙적인 생활 습관도 중요하지만, 무언가에 열중한 아이를 방해하지 않고 내버려두는 것도 교육의 한 방법인 것이다. 아이의 흥미는 순식간에 나타났다가 사라지기 때문에 그 순간을 포착해 두뇌 계발에 활용할 줄 알아야 한다. 또한 효과적인 학습을 위해 더 적극적으로 집중력을 키워주는 방법을 생각해 볼 수도 있다.

97. 아이의 순수한 감정을 함께 나눈다.

지적 발달의 단계를 한 단계씩 계속 올라가는 과정 중인 작은 아이에게 있어서는 듣는 것, 보는 것이 모두 새로운 경험이고 발견이다. 어른의 눈으로는 당연한 일이거나 하찮은 일일지라도 아이의 처지에서는 항상 새로운 발견의 기쁨이 있고 놀라움이 있는 것이다. 따라서 아이가 그러한 놀라움과 기쁨을 보이면 솔직하게 아이와 함께 놀라고 같이 기뻐해 주는 것이 중요하다.

아이의 재능을 이끌어내기 위해서는 우선 아이에게 흥미를 불러 일으켜 주어야 한다. 이를 위해서는 아이가 발견의 기쁨이나 놀라움을 체험하도록 하는 것이 필요하다. 부모가 거기에 협력할 수 있는 길은 아이의 놀라움과 기쁨을 솔직하게 인정해 주는 것이다. "우와, 저것 좀 봐요. 정말 멋있죠?"라고 기쁨에 차서 부모의 얼굴을 쳐다볼 때 건성으로 고개를 끄덕이며 심드렁한 표정을 짓는다면 아이는 부모를 어떻게 생각할까? '별것 아닌가 보다.' 하는 생각에 흥미가 반감되는 것은 물론, 부모와 자신의 관심이 다르다는 것을 깨닫는 순간 넘을 수 없는 벽을 느낄지도 모른다. 가까운 사람에게서 자기의 발견이 가치 있는 것이라고 확인받는 것은 매우 중요한 일이다. 그래야만 신이 나서 더 열심히 세상을 관찰하고 관심사를 발전시키게 되기 때문이다. 하지만 보잘것없고 쓸데없는 것으로 생각하는 부모의 고정관념이 아이의 관찰력과 새로운 발견이 주는 기쁨을 빼앗아갈 수 있다. 이제는 아이의 눈으로 세상을 보는 노력을 기울여보자.

98. 말과 행동을 동시에 하면서 가르친다.

사람은 몸짓을 먼저 배우고 말은 그다음에 배운다. 그런데

완벽한 부모가 아니어도 충분해요

제법 말을 잘하게 된 아이라도 행동을 표현하는 단어를 잘 모르는 경우가 의외로 많다. 자기가 늘 하는 행동인데도 그것을 무어라고 말해야 할지 모른다면 답답하지 않을까?

이럴 때 부모가 행동을 표현하는 단어를 말로 풀어보면 어떨까? "아빠가 엎드려 있네. 어, 손을 뒤집었네. 뭘 달라고 하나 보다." 이런 식으로 말이다. 아이와 함께 간단한 요리를 하는 것도 좋은 방법이다. "우선 빵 한 개를 놓고 그 위에 햄을 포개고 상치도 몇 장 얹고, 치즈도 한 장 올려놓을까 마지막으로 빵을 포개면, 야 벌써 샌드위치가 다 만들어졌네?"

이렇게 어떤 동작을 할 때마다 그것을 말로 표현해 주고, 아이도 자신의 행동을 말로 설명하도록 해보자. 물론 처음에는 어렵지만 이것이 반복되다 보면 아이는 말의 의미와 기능을 자연스럽게 깨닫게 되고, 어휘 실력도 부쩍 늘어나게 된다. 구체적인 동작 하나하나를 그 추상적인 말에 연결하는 과정에서 아이의 두뇌는 자연스럽게 성장하게 된다.

99. 물건을 정확하게 말하며 가져오게 한다.

지능 검사로 알아보려는 중요한 능력 중의 하나가 지시하는 내용을 정확히 파악하는 능력이다. 예를 들면 원과 삼각형과 사각형이 뒤섞인 그림을 보여주고 "원과 삼각형 속에 있으면서 사각형의 밖에 있는 부분을 검게 칠하시오." 하는 문제처럼 복잡한 지시를 정확하게 파악할 수 있는지를 알아보는 것이다. 이러한 지시에 대한 이해 능력이 지능 검사에 나오기 때문에 특별히 중요하다는 것이 아니다. 그것이 모든 두뇌활동과 밀접하게 결합된 기초능력의 하나이기 때문에 때때로 훈련할 기회를 주면 좋겠다는 이야기다. 훈련이라고 해서 어렵게 생각할 필요는 없다. 그런 기회는 일상생활 속에서도 얼마든지 발견할 수 있기 때문이다. 예를 들면 책장에서 책을 꺼내오게 할 때나 찬장에서 필요한 식기를 가져오게 할 때 손쉽게 할 수 있는 것이다.

단 이때 꼭 지켜야 할 점은 "저기에 있는 저것을 가져와라." 라는 식으로 목적물을 손으로 가리키며 말하지 말라는 것이다. 아이에게 말로만 설명하는 것이다. 즉 "아래에서 세 번째 선반에서 제일 두꺼운 책 옆에 있는 파란 표지로 된 책"이라든가 "텔레비전 왼쪽 선반의 위에서 두 번째 단에 있는 검은 깡통을 갖고 와라."라는 식으로 위치나 물건을 구체적인 말로 지시하는 것이다.

제7장

아이 두뇌를
건강하게 만들려는
당신에게

지금까지는 아이의 두뇌를 좋게 만들 수 있는 조건 중에서 주로 심리학적 측면만을 중심으로 하여 다뤘다. 그러나 그것만 가지고는 일면적이라고 하지 않을 수 없다. 따라서 이 장에서는 두뇌를 좋게 만드는 생리학적인 조건도 함께 생각해 보기로 하겠다. "아이의 두뇌를 건강하게 만들려는 당신에게"라는 이 장의 주제는 크게 두 종류의 내용이 포함되어 있다. 그 첫 번째는 글자 그대로 음식으로 영양을 주는 것이고 두 번째는 손발을 비롯한 신체 각 부분을 움직여서 두뇌에 자극을 주는 것이다.

대뇌생리학의 연구에 따르면 머리에 영양을 주어 지능 발달을 촉진하는 첫째 방법은 이미 어머니의 태내에서부터 시작된다고 한다. 따라서 어머니들은 자신을 위해서뿐만 아니라 곧 태어날 아기를 위해서라도 항상 건강과 영양에 유의하지 않으면

완벽한 부모가 아니어도 충분해요

안 된다. 물론 출산 이후의 과정에서도 영양의 균형은 두뇌 발달에 있어서 아주 중요한 요소이다.

인간의 두뇌를 변화시킨 직립보행

그러나 두 가지 중 더 중요한 것은 손발을 움직여 뇌세포를 자극해 주는 두 번째 방법이다. 진화심리학적으로 말하면 인간이 오늘날처럼 지능을 발달시켜 다른 동물을 제치고 지배자의 지위에 오를 수 있었던 것은 다름이 아니라 바로 인간이 두 발로 직립할 수 있었기 때문이라고 한다. 두 발로 서게 됨에 따라 비로소 인간은 두 손을 자유롭게 쓸 수 있게 되었다. 이 손을 사용하는 과정에서 점차 손과 손가락의 움직임이 능숙하게 되어 갔다.

신체 각 부분의 운동을 통제하는 대뇌의 영역은 피질 부에 있는 운동영역인데, 그 운동영역에서 차지하고 있는 영역 분포의 넓이를 비교해 보면 손이나 얼굴을 움직이기 위한 영역이 다른 신체 부분에 비해 훨씬 넓다는 것을 알 수 있다. 이것은 몸통이나 어깨 등의 움직임에 비해 손이나 얼굴의 움직임이 현저하게 복잡하고 활발하다는 것을 의미한다.

인간의 미묘한 감정의 움직임을 상대에게 전하는 표정의 중심이 얼굴 근육에 있다는 것을 생각하면 쉽게 이해할 수 있다.

그리고 손의 움직임 역시 그 기능의 복잡함, 특히 손가락의 능숙한 운동과 밀접하게 관계되어 있다고 생각해도 좋을 것이다. 인간은 직립하여 두 손을 자유자재로 사용할 수 있게 되자 이것이 다시 두뇌의 발달에 좋은 자극이 되었고 두뇌가 좋아짐에 따라 다시 손의 움직임이 활발하게 되고, 이런 과정이 거듭되면서 급속하게 계통발생[1]의 단계로 올라섰다고 생각된다.

인간의 손이나 손가락이 그렇게 능숙하지 못했다면 우리들은 도구를 만들어내고 사용할 수 있는 능력을 지금처럼 충분하게 발달시킬 수 없었을 것이다. 도구의 창조와 사용으로 인간은 자신의 생활공간을 크게 늘리고 개선하고 개척해 나갈 수 있었다. 이것이 또한 인간의 머리를 더욱 좋게 만들어 마침내 인간은 언어를 사용할 수 있는 능력을 갖추게 되었다. 이러한 인간의 역사를 돌아보면 갓난아기가 얼마나 미숙한 인류 초기의 모습인지를 알 수 있다. 제대로 걷지도 못하고 손가락 따위는 거의 움직이지도 못한다.

손가락 훈련에 따라서 좋아지는 두뇌
이렇게 미숙한 아기도 점차 두뇌가 발달함에 따라 신체 각 부

---

1) 동식물을 막론하고 그 어떤 한 종이 한 조상에서 발생하여 진화하였다는 이론으로 과학계에서는 보편적으로 받아들여지고 있다.

완벽한 부모가 아니어도 충분해요

분의 운동기능도 급속하게 발달해 간다. 그리고 점차 손가락이 능숙하게 되어 젓가락을 자유자재로 사용할 수 있게까지 된다.

그런데 손가락 운동발달이 다른 부위에 비해 비교적 늦는 것은 신체발달이 두 가지 방향성에 의해 지배되고 있기 때문이다. 즉 신체기능의 발달은 '두뇌에서 엉덩이로' 라는 방향과 중추에서 말초로'라는 두 가지 방향성을 원칙으로 하고 있다. 그래서 손가락의 운동기능이 늦게 발달하는 것이다. 이러한 원리가 한 아이가 성장하는 과정에서도 역시 두뇌의 기능 발달과 연관되어 있다. 그래서 손가락의 기능을 훈련해 주는 것은 두뇌를 좋게 하는 데 있어서 중요한 영양제가 된다.

이탈리아의 위대한 교육 이론가이자 실천가였던 마리아 몬테소리 여사는 날카로운 직관으로 이 사실을 간파하였다. 그녀는 아이가 싫증도 내지 않고 단추를 채우려고 애쓴다거나 구두끈을 매려고 하는 것은 아이가 스스로 자신의 지성을 닦으면서 성장하고 있다는 증거라는 것을 알아냈다. 즉 아이는 외부로부터의 자극으로 두뇌의 발달이 촉진될 뿐만 아니라 스스로가 자기 자신에 대한 교사이고 자발적인 존재인 것을 발견한 것이다. 이것을 못 하게 가로막는 것은 바로 어른들이라는 것이다. 이러한 관점에서 그녀는 단추 끼우기를 비롯한 독창적인 교재의 개발에 노력을 기울였다.

따라서 이 장에서는 몬테소리 교육방식의 하나인 아이의 손
가락을 세심하게 움직이는 것을 중심으로 하여 일상생활 속에서
걷기나 신체 단련의 중요성을 다루고, 부모가 조금만 신경을 써
도 간단하게 할 수 있는 두뇌의 영양에 대한 아이디어를 생각해
보기로 하겠다. 우선 먼저 어떻게 하면 뇌 전체의 물리적 상태를
개선할 수 있는가에 대해서 설명하려고 한다.

100. 몸이 건강해야 머리가 좋아진다.

뇌가 신체의 한 기관이라는 사실에 이의를 제기할 사람은
없을 것이다. 뇌가 신체 기관이라는 것은 곧 몸 전체의 구조와
상태에 따라 뇌의 기능이 좌우된다는 것을 의미한다. 신체의 다
른 부분과 마찬가지로 뇌도 몸의 상태가 좋으면 뇌의 기능도 원
활해지고, 반대로 몸의 어딘가에 이상이 생기면 뇌의 기능도 곧
저조해진다.
뇌는 의식, 행동, 체험 등 지능의 영역으로 간주하는 모든 것
이 집중된 기관이다. 따라서 뇌의 물리적 조건을 개선하면 모든
지적 작용도 더불어 촉진된다. 물론 이러한 논리에 반론을 제기
하는 사람도 있겠지만, 아무튼 인간의 의식이 살아 숨 쉬는 육

체에 존재하고 그것과 결부된 한 의식은 뇌의 통제를 받기 마련이다. 뇌는 인체의 다른 여러 기관과 마찬가지로 생리적 기관의 하나이며, 몸 전체의 컨디션으로부터 영향을 받는다는 사실을 잊어서는 안 된다.

101. 뇌의 물리적 환경부터 개선하자.

신체의 다른 부분과 마찬가지로 뇌도 몸 전체의 컨디션이 좋아야만 최상의 기능을 제대로 발휘할 수 있다. 몸의 상태가 좋지 않거나 병이 생기면, 우리의 뇌에 있는 방대한 양의 두뇌 회로는 본래의 사고 회로를 멈추고 일제히 몸의 상태를 감시하고 회복시키기 위한 활동에만 집중하게 된다.

두뇌 회로와 그것이 소비하는 에너지는 지금까지 신체의 건강관리에 얼마나 주의를 기울여 왔는가에 크게 좌우된다. 두뇌 회로는 뇌가 함유하고 있는 에너지를 현재의 관심사에만 집중시키는 경향이 있기 때문이다. 만약 우리의 몸이 만성적으로 허약한 상태라면 뇌는 항상 몸의 컨디션 유지에만 에너지를 소비하는 습관을 갖게 되고, 그 때문에 사고 기능이나 뇌의 각 부분의 활동을 원활하게 유지하는 기능은 점차 둔해진다. 일단 이러한 습관에 두뇌가 길들여지게 되면 그 결과 지능은 크게 저하될 수밖에 없다. 따라서 되도록 빨리 몸의 건강을 회복하고 계속해서 건강한 상태를 유지해야 뇌도 제 기능을 발휘할 수 있다. 다시 말해 규칙적이고 적절한 운동, 충분한 영양 섭취, 그리고 정기적인 건강 진단 같은 것들이 지능 향상에 상당히 중요하다는 것이다. 건강 진단을 받을 때는 영양의 균형 상태도 함께 조사해 보는 것이 좋다. 사람의 생화학적 구조는 개인에 따라 모두 다르며, 대부분의 사람에게는 적어도 한 가지 이상의 특정 영양소가 심하게 결핍되어 있기 마련이다. 어떤 영양소든지 일단 부족해지면 그로 인해 지능이 저하되기 때문에 자신에게 부족한 영양소가 무엇인지 알아내어 그것을 보충하는 것만으로도 건강과 지적 능력, 그리고 지능지수를 모두 향상 시킬 수 있다.

102. 두뇌 발달을 위해 모든 비타민이 필요하다.

뇌의 컨디션을 개선하는 또 다른 방법은 영양학적 측면에서의 접근이다. 다시 말해 모세혈관의 발달과 확장에 도움이 되는 영양소를 충분히 섭취하는 방법이다.

뇌 생리학자 도민게츠는 개의 관상동맥의 일부를 잘라낸 후

순환계의 기능 저하를 관찰하는 실험을 했다. 관상동맥이 잘린 개들 중 절반은 매일 비타민E의 핵심 성분인 토코페롤을 복용했고, 나머지 개들은 특별히 별다른 영양소를 섭취하지 않았다. 비타민E를 복용한 개들의 관상동맥은 회복이 순조롭게 진행되었다. 순환계의 기능 증진이 넓은 범위에 걸쳐서 빠르게 진행되었고, 이에 따라 새로운 모세혈관의 수가 급증하여 결국 관상동맥의 절단으로 인한 손상이 완전히 복구되었음이 실험 결과 밝혀졌다. 그러나 비타민E를 공급받지 못한 개들은 회복 속도가 느렸고, 손상된 부위 주변의 순환계도 발달이 거의 정지된 상태였다.

결론적으로 말하자면 비타민E는 순환계를 확장하고 발달시켜서 순환계 내에서 발생하는 새로운 요구에 응할 수 있도록 하는 주요 요인이라는 것이다. 인간과 동물의 순환 기능을 촉진하는 비타민E의 효과를 입증한 의학적 연구는 그 밖에도 무수히 많다. 그 핵심 내용은 매일 비타민E를 섭취하면 뇌 순환계의 기능이 훨씬 더 많이 촉진되고, 뇌의 물리적 기능 및 지능의 향상이 눈에 띄게 이루어진다는 것이다. 이처럼 뇌의 개선에 중요한 역할을 하는 영양소인 비타민E가 포함된 음식으로는 대두유, 콩나물, 호두 등을 들 수 있다.

이와 같이 단일 비타민으로 뇌 순환계의 발달에 가장 효과적인 것은 비타민E이다. 하지만 그 외의 다른 모든 비타민도 비타민E만큼은 아니더라도 어느 정도씩은 두뇌 발달에 관여하고 있다. 이것은 인체의 생리작용 자체가 모든 비타민을 골고루 필요로 하기 때문이다. 단 어느 기관 혹은 어느 조직에서 일어나는 작용인가에 따라서 비타민의 필요량이 각각 다르다는 차이가 있을 뿐이다. 그래서 지능의 향상을 위한 두뇌 훈련하는 동안에는 균형 있는 식사와 더불어 다양한 효능을 가진 종합 비타민제를 복용하는 것이 좋다. 사실 두뇌 훈련 기간이 아니더라도 균형 있는 식사와 비타민제는 우리 몸에 매우 유익한 것이 아닌가?

103. 두뇌와 신체운동은 함께 이루어진다.

두뇌의 발달이라는 관점에서 볼 때 신체와 두뇌가 밀접하게 관련되어 있다는 이야기는 앞에서도 여러 차례 했다. 그렇기 때문에 또한 하루하루의 두뇌활동과 신체활동 사이에도 아주 긴밀한 관계가 있다. 바꾸어 말하면 정신 작업, 즉 사용할 필요가 있을수록 신체운동도 필요하다는 이야기가 된다. 일반적으로 말하듯이 "시험이 있으니까, 운동은 다음으로 미룬다."라든가

"운동을 하면 혈액이 몸속에서 격렬하게 순환하기 때문에 두뇌의 혈액 상태가 좋지 않게 된다."는 속설은 재고해 볼 필요가 있다.

전통적인 심리학 이론에 비추어 보더라도 적당한 육체적 자극은 정신적 긴장이나 스트레스를 없애주고 두뇌활동을 촉진한다는 것이 실증되었다. 치열하게 두뇌활동을 하는 작가나 비즈니스맨들이 일과처럼 하는 기분 전환을 위한 체조나 산책, 다양한 스포츠 등도 이 이론과 무관하지 않을 것이다. 운동기능과 정신기능의 이러한 연결을 생각하면 아이의 두뇌를 활성화하기 위해서라도 운동을 긍정적으로 생각해 보는 것이 좋다.

아이의 경우에도 몸놀림이 활발하다는 것은 그만큼 의욕적이라는 뜻이고, 또 왕성하게 사물을 배워 나갈 수 있다는 것을 의미한다. 반대로 한 장소에서만 오래 있거나 이상할 정도로 얌전한 아이는 그만큼 경험의 폭이 좁아지고 상황 대처 능력이 떨어져 두뇌발달이 뒤떨어질 수 있다.

104. 몸이 건강해야 두뇌도 활발하게 움직인다.

건강이 악화되면 사고력이 떨어져 일하기가 힘들어진다는

것은 누구나 잘 알고 있는 사실이다. 성인의 경우에는 스스로 컨디션을 조절하면서 건강을 회복할 수 있지만, 아직 자기 몸조차 가눌 수 없는 어린아이라면 어떨까? 갓 태어난 아기가 감기에 걸리면 그것만으로도 두뇌의 성장이 늦어질 수 있다. 왜냐하면 생후 3년간은 두뇌를 만드는 데 있어서 매우 중요한 시기여서 몸에 이상이 생기면 뇌 구조의 발달이 늦어지기 때문이다. 더구나 이 시기 이후에는 두뇌의 기능은 뇌의 구조 그 자체보다는 신체와 밀접한 관계를 맺게 된다.

모든 부모는 아이의 영양과 발육에 세심하게 신경을 쓴다. 그러나 가만히 살펴보면 어릴 때는 아이의 신체 건강을 우선하지만, 학교에 다니면서부터는 두뇌 발달을 더 중요하게 생각하는 것 같다. 그러나 몸과 머리는 결코 분리되어 있지 않으며, 차례대로 성장하는 것도 아니다. 사실 신체가 자라는 것은 눈으로 보아서 쉽게 알 수 있지만, 두뇌의 경우에는 그 성장이 보이지 않기 때문에 영양이 얼마나 중요한지 잊기 십상이다. 부모들은 편식하면 신체 발육에 나쁘다는 것을 잘 알면서도, 그 악영향이 두뇌에 더 심각한 피해를 준다는 사실은 의외로 모르는 것 같다. 균형 잡힌 식사를 하지 않거나 몸이 약하면 뛰어난 두뇌 구조를 갖추고 있다고 해도 그것을 충분히 활용할 수 없을뿐더러 쉽게 싫증을 내거나 의욕 없는 아이가 되기 쉽다.

완벽한 부모가 아니어도 충분해요

105. 식사 중 '대화 금지'는 표현 욕구를 막는다.

미국에서는 식사 중에 아이가 잠자코 있으면 부모는 반드시" 어디 아프니?" 하고 걱정을 한다. 식탁은 중요한 가족 상호 간의 대화의 장이어서 이야기를 안 하는 아이는 어디가 아픈 '환자'로 보이기가 쉽다.

그런데 우리는 식사 때 말을 하는 아이에게 "밥 먹을 때만 큼은 조용히 해라."라는 주의를 주기 일쑤다. 미국과 우리의 차이를 단지 관습의 볼 수만은 없다. 이러한 경우에는 아이가 말을 하고 있어도 금지하기는커녕 오히려 말을 하라고 권하는 미국 방식이 두뇌 발달에는 더 바람직하다고 할 수 있다. 왜냐하면 아이에게 있어서 식사는 가장 즐거운 시간 중의 하나인 만큼 흥분하고 마음도 들뜨기 때문에 여러 가지 생각이 자연히 입을 통해 나오기 때문이다. 아이가 이렇게 신나게 이야기하고 있을 때, "입 좀 다물어." 하고 제지하는 것은 아이의 지능 발달에 있어서 좋은 영향을 줄 수가 없다. 아이의 사고력과 표현력이 억제당하고 말기 때문이다.

우리는 옛날부터 일상 행동을 의식화하는 경향이 있어서 식사조차도 의식화하여 의식을 치르는 중에는 침묵을 지키도록 강요해 왔다고 한다. 그래서 표정 없는 얼굴과 표현력이 빈곤한 이야기밖에 할 수 없게 되었다고 말하는 학자까지 있을 정도이다. 맞벌이 부부의 경우, 식사 중에 아이와 자연스럽게 그날 있었던 일을 이야기하고 아이의 생각을 들어주는 것만으로도 아이의 두뇌 발달과 표현력의 발전을 꾀할 수 있다. 비록 짧은 시간이지만 식사하는 동안 아이와 이야기를 나누며, 즐겁게 보낼 줄 아는 부모에게 아이는 더 많은 애정과 신뢰를 느끼게 된다. 그러므로 식사 중의 이야기는 지나치게 간섭하지 않는 것이 아이의 두뇌 발달에 도움이 되는 것은 너무도 당연하다.

106. 가사를 도우며 손가락을 쓰게 한다.

요즘에는 집안일을 돕는 아이가 그리 많지 않다. 예전과는 비교할 수 없을 만큼 경제 사정이 좋아졌기 때문이기도 하지만, 입시와 경쟁 시대를 살아가는 아이에게 조금이라도 더 공부할 시간을 주려는 부모의 배려 때문이기도 하다. 그러나 늘 책상 앞에 앉아 있다고 해서 공부가 잘되는 것은 아니다. 또 아이의 두뇌 발달을 생각해 보더라도 이런 배려는 오히려 득보다는 실이 더 많을 수 있다.

〈그림 9〉 엄마 아빠와 함께 음식 만들기 놀이

손과 두뇌가 밀접하게 연결되어 있다는 이야기는 이미 앞에서도 강조했던 이야기다. 예를 들어 요리할 때 콩나물을 다듬게한다든지, 완두콩을 까게 하면 아이는 자연스럽게 손가락을 많이 사용하게 된다. 단독주택이라면 잔디나 나무 손질을 맡길 수도 있고, 화분에 물을 주게 할 수도 있다. 이렇듯 쉽게 실천할수 있으면서도 섬세한 손놀림이 필요한 일은 아이의 두뇌에 알맞은 자극을 준다. 가사를 적극적으로 돕게 하는 것은 두뇌 훈련이라는 측면 이외에도 가정에서 아이에게 제 역할이 있다는것을 일깨우고 책임감과 자부심을 심어줄 수 있다는 점에서 산교육이 될 수 있다.

107. 오른손만이 아니라 왼손도 사용하게 하라.

아이가 왼손잡이라고 걱정하며 오른손잡이로 교정해야 할지 말아야 할지를 고민하는 부모가 아직도 있다. 하지만 최근에는 무리한 교정에 의해 아이가 말을 더듬거나 야뇨증을 보이는 등 심리적 장애를 일으키기 쉽다는 것이 잘 알려진 탓인지 예전처럼 억지로 교정하려는 부모는 그리 많지는 않다. 오히려 왼손잡이를 더 특별한 재능을 가진 사람인 양 좋게 보는 경향마저 보인다.

그러므로 아이가 왼손잡이라고 걱정할 필요는 전혀 없다. 오히려 오른손잡이 아이에게도 왼손 훈련을 시키라고 권하고 싶다. 좌뇌와 우뇌의 균형 잡힌 발달이 더없이 좋은 교육효과를 나타내는 까닭이다. 어떤 사람은 양손을 모두 사용하는 그것이 인간 본연의 모습이라고 주장하며, 피아노나 바이올린을 일찍 가르치는 것이 좋다고도 한다. 손가락을 많이 움직이면 두뇌 훈련에 효과적이며, 여기에 오른손과 왼손이 따로 있을 수 없기 때문이다.

최근 식생활이 서양화된 탓인지 젓가락질을 잘 못하는 아이가 늘고 있다. 집에서나 학교에서나 숟가락이나 포크만을 쓴다고 하는데, 아이의 지적 발달이라는 면에서는 좋은 현상은 아니다.

이미 앞에서 말했듯이 인간의 신체기능은 머리에서 엉덩이로, 그리고 중추에서 말초를 향해 발달하므로 손이야말로 두뇌의 발달을 가장 상징적으로 보여주는 것이라고 할 수 있다. 즉 손의 움직임이 활발한 아이는 두뇌의 움직임도 활발하다. 아이의 손놀림을 더욱 활발하게 할 수 있는 일상적인 도구는 바로 젓가락이다. 이제는 아이의 손에서 포크를 떼어내고 대신 젓가락을 들려주자. 손가락 자극은 두뇌의 자극으로 이어지므로 젓가락질이야말로 일상생활에서 쉽고도 자주 할 수 있는 두뇌 체조가 되는 셈이다.

108. 걷기는 두뇌의 움직임을 촉진시킨다.

마라톤 선수는 출발하여 800미터 이후부터는 머리가 점점 더 맑아져서 그날의 페이스 안배라든가 경기 운영을 명확하게 생각할 수 있다고 한다. 발의 움직임에 따라 호흡이 촉진되고 뇌에 대한 산소 공급률이 높아지기 때문이다. 그렇다면 잘 걷는 아이일수록 두뇌의 움직임이 활발하다고 말할 수 있을 것이다. 두뇌의 영양제로서뿐만 아니라 씩씩한 아이를 키운다는 의미에서도 아이를 적극적으로 걷게 했으면 좋겠다.

요즘의 아이들은 어린이집은 물론 유치원에 갈 때에도 버스로 모셔가는 형편이어서 먼 거리를 걸을 기회가 거의 없다. 그뿐만 아니라 그나마 조금 남아 있는 걸 기회도 자기 마음대로 걸을 수가 없다. 가까운 백화점으로 쇼핑을 가는 데도 부모 손에 이끌려 가게 마련이다. 개중에는 아이가 부모에게 양손을 붙들려 마치 질질 끌려가다시피 걷고 있는 모습도 볼 수 있다. 교통 사정을 생각하면 사실 어쩔 수 없는 일일지도 모르지만, 위험하다고 해서 혹은 바쁘다고 해서 언제나 부모 생각대로 아이를 걷게 하는 것은 생각해 볼 문제이다.

　아이가 걷는 동작은 기질, 체질, 성격에 따라 제각기 다르다고 한다. 즉 아이마다 각각 독자적인 운동 신경회로를 갖고 있어서 그 신경회로의 발달이 자극받으면 독자적인 사고를 할 수 있고 느낄 수 있는 두뇌를 만든다고 한다. 그렇다면 부모가 아이에게 아이 마음대로 걷지 못하게 하는 것의 옳고 그름을 다시 생각하지 않을 수 없다.

　아이가 걷는 모습은 어른이 볼 때는 쓸데없는 것에 정신이 팔려 실로 위험한 것처럼 보이지만 이것이야말로 아이의 개성을 키우는 두뇌의 중요한 기초 다지기가 되는 것이다. 기회를 보아서 아이에게 제멋대로 걷게 할 수 있는 곳으로 데려가 주면 더욱 좋다.

　　　　　　　　　　완벽한 부모가 아니어도 충분해요

제8장

난감한 상황에
지혜롭게 대처하려는
당신에게

천재에 관한 이야기는 사람들의 입에 자주 오르내린다. 그러나 음악, 미술, 문학, 과학 등 많은 분야에서 이름을 날린 천재들 중에는 순탄하지 않은 삶을 살다 간 사람이 많고 심지어는 요절한 경우도 적지 않다. 그 불행의 원인을 가만히 살펴보면 대개 어린 시절의 집안 분위기에 문제가 있었음을 알 수 있다. 이런 집안 문제는 대부분 가난이라기보다는 가족들의 따뜻한 관심과 애정이 부족한 가정환경에 있었다.

많은 천재는 물론 타고난 재능도 뛰어났지만, 자라면서 쌓인 욕구 불만을 혼자 해결하는 과정에서 그 어느 한 가지에 몰입해 성공을 거둘 수 있었다. 그러나 그 무엇으로도 채워질 수 없는 허무하고 불안한 심리는 복잡한 애정행각이나 약물남용 등 자기 파괴적인 방법으로 나타나 불행한 말로를 맞게 하기도 했다.

완벽한 부모가 아니어도 충분해요

부모는 아이가 태어나서 처음으로 맺는 인간관계의 핵심이며, 이후에 아이가 맺는 모든 관계의 모태가 된다는 점에서 너무나 중요한 책임을 가지고 있다. 부모의 사랑을 흠뻑 받고, 충분한 교감을 나누며 자란 사람은 친구나 연인과의 관계에서도 사랑을 주고받을 줄 알며, 사회적 관계에서도 여유가 있다. 그러나 반대의 경우에는 늘 상대에게 사랑받고 인정받기만을 바라거나 상대의 비위를 맞춤으로써 애정을 구걸하는 식의 비뚤어진 관계를 반복하게 된다.

사랑하는 것을 가르치는 것은 아이

"나는 아이에게 잘하려고 애쓰고 화내지 않으려고 노력하는데 막상 닥치면 그렇게 안 돼요. 우리 애 보시면 이해가 될 거예요.", "할 일이 얼마나 많은데, 하루 24시간 동안 어떻게 애만 지키고 있겠어요." 물론 하루 종일 아이 옆에만 있을 수 없고 또 그럴 필요도 없다. 서너 살이나 다섯 살 무렵의 아이가 얼마나 미운 짓만 골라서 하는지 감안한다면, 충분히 이해할 만하다. 이럴 때 부모는 도대체 아이를 어떻게 대해야 할지, 언제 야단치고 언제 칭찬해야 할지 그것마저도 난감하기만 하다.

그러나 그 해답은 의외로 간단하다. 말썽을 부리는 바로 그 순간에 아이는 마음속으로 "엄마 절 좀 봐주세요." "절 사랑해

주세요."라고 큰 소리로 외치고 있기 때문이다. 이때 부모는 그 순간을 잘 포착해야 한다. 그렇지 않으면 아이는 부모에게 무시당하는 일을 반복적으로 겪으면서 반항심이 생겨 더욱 거칠게 행동하게 된다. 자존심이 강한 아이라면 아예 부모에게 마음의 문을 닫아버릴 염려도 있다.

커가면서 주파수가 달라지는 아이

사람은 20대와 30대, 또 40대, 50대가 되면 도달하고자 하는 목표가 달라지며, 그에 따라 행동하는 방식도 변한다. 하물며 새롭게 맞닥뜨리는 것이면 뭐든지 스펀지처럼 흡수하며, 세상을 빠르게 배워가고 있는 아이가 변덕스러운 것은 당연하다. 그러므로 우리 아이가 예전에는 안 그랬는데 왜 저러는지 모르겠다는 식의 부모의 걱정이 아이에게는 답답하게 느껴질 수도 있다.

부모에게서 벗어나 친구를 만나고 또 선생님을 만나는 것은 어른들이 보기에는 자연스럽고 힘든 것이 하나도 없는 과정으로 여겨지겠지만, 아이에게는 하나하나가 부딪히고 배워야 하는 버거운 일들이다. 이때가 정말 부모의 관심이 필요할 때이다. 이 시기에 겪는 아이의 시행착오, 마음의 변화를 세심하게 읽어서 잘못된 부분이 있다면 일찍 깨닫게 해주는 것이 부모의 역할이 아닐까?

누구에게나 사랑받는 아이

사실 어느 집이든 사랑받지 못하고 자라는 아이는 별로 없다. 그러나 그 아이들 모두가 밖에서도 사랑받는 아이로 커 가는 것은 아니다. 그래서 이 장에서 강조하려는 것 중 하나가 바로 밖에서도 사랑받을 수 있는 올바른 사람으로 키울 수 있는 가정교육이다.

머리는 좋은데 건방지다든지, 머리는 좀 떨어져도 사람 하나는 좋다는 식의 이야기를 아무렇지도 않게 당연한 듯 말하는 것을 자주 듣는다. 그러나 사랑받으며 자란 아이가 머리가 나쁠 가능성은 거의 없다. 물론 여기서 말하는 사랑이란 부모의 무조건적인 눈먼 사랑이 아니라 살아가면서 필요한 태도를 때로는 아프게 가르칠 줄 아는 사랑이다.

이 장에서는 자꾸만 빗나가려 하거나 잠깐의 관심 부족으로 행동 기준을 제대로 잡지 못하는 아이에게 다른 사람들과 올바른 관계를 잘 맺도록 기르는 방법에 대해 생각해 보기로 하자.

109. 엄격하게, 그리고 자유롭게 키워라.

요즘은 조기교육이다, 영재교육이다 해서 아이를 들볶는 일이 얼마나 나쁜 영향을 미치는지 널리 알려져 있다. 그래서 아이를 자유롭게 내버려두는, 이른바 서구식 자유방임주의가 올바른 교육 방법으로 받아들여지고 있다. 이 방식에 찬성하는 많은 부모는 다른 '극성' 부모들처럼 아이를 들볶지 않는다며 은근한 자부심을 갖는다. 하지만 그토록 너그럽기만 하던 부모들도 아이가 유치원이나 초등학교에 들어간 후부터는 내가 언제 그랬냐는 듯 무서운 부모로 바뀌곤 한다.

사실 유아기야말로 참다운 교육이 필요한 시기이다. 인간의 뇌는 0세에서 6세 사이에 90%가 형성되기 때문이다. 이 시기에 부모는 아이가 옳고 그른 일이 무엇인지를 깨닫도록 분명하게 일깨워 주어야 한다. 또 아이가 자아에 눈 뜨기 시작하는 3세부터는 아이의 생각을 존중해 주는 일이 필요하다. 사정이 이러한데 하물며 학교에 다닐 정도의 나이가 된 아이에게 일일이 참견하고 강요하는 일은 없어야 한다.

결론적으로 말해 부모는 아이가 3세가 될 때까지 올바른 품성과 기본적인 판단력을 심어주고, 그 뒤에는 아이의 개성을 존중하는 가운데 스스로 자신의 재능을 마음껏 펼칠 수 있도록 도와주는 진정한 조력자 역할을 수행해야 한다.

110. 따로 재우는 것이 꼭 좋은 것만은 아니다.

세상이 변화하는 만큼 아이를 키우는 방법도 많이 달라졌다. 우유나 일회용 기저귀 같은 물질적인 변화 외에도, 아이를 업어주지 않는다거나 어릴 때부터 따로 재운다는 식의 새로운 방법이 어느 새 일반화되고 있는 실정이다. 그런데 자립심을 키운다는 이유로 부모와 같이 자려는 아이를 억지로 떼어내 따로 재우는 것이 과연 바람직한 일일까?

아이가 부모와 함께 자서 좋은 점이 너무나 많다. 무엇보다도 요즘처럼 맞벌이 부부가 많은 경우 부모가 아이와 대화할 시간이 절대적으로 부족하다. 이때 아이와 함께 잔다면 아이와 대화할 수 있는 시간이 자연스럽게 만들어진다. 더욱 중요한 것은 어른과 마찬가지로 아이 역시 잠자리에 들 때 가장 편안한 느낌을 갖는다. 이때 부모가 자장가를 불러 주거나 책을 읽어 주면, 아이는 정서적으로 매우 안정된 시간을 즐길 수 있다.

〈그림 10〉 부모 사랑 속에서 잠자는 아이

다 좋은데 아이가 계속해서 부모와 함께 자려고 하면 어떻게 하느냐고 걱정하는 사람도 있을 것이다. 물론 처음에는 쉽지 않을 것이다. 그러나 아이가 어느 정도 커서 자신의 의견을 주장하는 시기가 오면 그때 아이와 함께 아이 방을 꾸며 보자. 그리고 예쁜 인형을 주면서 "이제부터는 네가 이 아이에게 이야기도 해주고 자장가도 불러 주면서 돌봐줄 수 있겠지?" 하는 식으로 아이를 믿고, 책임을 맡겨보자. 이미 부모의 관심과 애정으로 강한 자존감이 형성된 아이는 마음 한편으로는 두려우면서

완벽한 부모가 아니어도 충분해요

도 부모의 격려에 힘을 얻어 고개를 끄덕일 것이다. 일정한 시기에 무조건 따로 재우려 하기보다 아이가 서서히 자신의 세계를 넓혀갈 수 있도록 배려하는 부모의 여유가 필요하다.

111. 아이에게도 존중받을 권리가 있다.

조숙한 아이의 경우 어른들 흉내를 많이 내고, 어른들처럼 말하기도 하며, 심지어 대화에 끼어들기까지 한다. 이는 자신도 어른처럼 대접받고 싶어 하는 자연스러운 욕구이다. 그런데 아이의 이런 태도에 대해 "어디, 어른들 말씀하시는데 함부로 끼어들어?"라며 부모가 아이를 무시하는 말이나 행동을 한다면, 아이는 잘잘못을 가리기 이전에 마음에 상처를 입게 된다. 그러므로 무조건 아무것도 모르는 애 취급을 하기보다 아이를 존중해 줌으로써 다른 사람도 존중할 수 있는 마음을 갖게 하는 것이 더 현명한 태도이다.

아이를 존중해 주는 일은 쉽게 실천할 수 있다. 우선 장난감 같은 아이의 물건에 이름을 써주고 아이의 방 앞에도 이름표를 걸어줘 보자. 그리고 아이의 방에 들어갈 때는 노크를 하고, 들어오라고 할 때까지 기다린다. 혹시 아이의 물건을 치워야 할 때는 아이에게 먼저 양해를 구한다. 손님이 오면 아이 스스로 자신을 소개하고 인사하게 한다. 아이와 그날 있었던 일에 대해 이야기를 나누며 함께 그림 일기장을 꾸민다.

이처럼 가족들이 마음을 모아 아이를 존중하며 인격적으로 대하면, 아이는 가족들의 생활 규칙 속으로 서서히 빨려 들어올 것이다. 또 하나 존중 받는 아이는 다른 사람도 존중할 줄 안다. 더불어 바른 생활 습관을 익힌 아이는 예의 바른 아이로 자라게 된다. 부모가 생활 속에서 모범을 보이며 가르치는 살아있는 가정교육이란 바로 이런 것이 아닐까?

112. 아이들은 왜 자주 화를 낼까?

아이가 화를 내는 이유는 크게 여섯 가지로 생각해 볼 수 있다. 첫 번째는 몸이 아플 때이고, 두 번째는 피곤하거나 배가 고플 때, 세 번째는 크게 놀라거나 정신적으로 불안할 때, 네 번째는 충분한 운동을 하지 못해 몸이 근질거릴 때, 다섯 번째는 뭔가를 얻어내기 위해 일부러 떼를 쓸 때, 마지막으로 화를 잘 내는 부모의 영향을 받은 경우이다. 괜히 그러는 것이 아니라 이렇게 아이 나름대로는 이유가 있는 것이다.

완벽한 부모가 아니어도 충분해요

이처럼 아이가 짜증을 내거나 화를 내는 원인의 대부분은 주위 환경에 따른 것이다. 이것은 그만큼 부모가 해결해 줄 수 있는 가능성이 높다는 뜻도 된다. 그런데 바쁘다거나 피곤하다고 해서 아이의 기분을 무시해 버리고 야단만 치면 아무리 온순하던 아이도 거칠고 반항적인 성격으로 변하기 쉽다.

아직 자신의 기분을 말로 표현하기 힘든 아이는 행동으로밖에는 말할 수 없으며, 이는 부모에게 '내 기분 읽어 주세요.' 라는 무언의 항변이다. 이때 부모의 역할은 욕구 불만의 원인을 찾아내 정당한 요구라면 들어주고, 그렇지 않으면 차근차근 안 되는 이유를 이해시키는 데 있다. 원인을 해결하지 않은 채 요구를 묵살하고 억압만 한다면 아이는 날이 갈수록 반항적이 되거나 아예 자신의 감정을 숨기는 내성적인 아이로 자랄 위험성이 있다.

113. 아이 떼어놓기 자연스럽게 하라.

요즘에는 일을 가진 어머니들이 부쩍 늘었다. 그런 어머니들이 가지고 있는 최고의 고민거리는 아침에 아이를 떼어놓는 것이다. 하지만 아이와 헤어지는 방법을 조금만 궁리하면 서로의 고통을 줄일 수도 있다. 이는 전업주부들이 외출해야 하는 경우에도 마찬가지다.

대부분의 어머니는 아이가 잘 때, 혹은 다른 것에 관심이 쏠려 있는 틈을 타서 살짝 빠져나온다고 한다. 그러나 이런 일이 몇 번 반복되다 보면 불안을 느낀 아이는 자는 중간중간에 깨기도 하고 마냥 엄마 곁에만 붙어 있으려고 든다. 그래서 어차피 피할 수 없는 일이라면 아이에게 차근차근 설명해 주는 편이 좋다.

까꿍 놀이처럼 사라졌다가도 다시 나타날 것이라고 말해주거나 스킨십으로 마음을 가라앉혀 준다. 무엇보다 급하게 서두르지는 말아야 한다. 서두르는 엄마의 모습을 보게 되면 아이가 불안해 하기 때문이다. 아이와 함께 있는 시간까지는 짧지만, 다정한 대화를 나누면서 여유 있게 준비해 보자.

또 헤어질 때의 의식, 재미있는 루틴을 마련하는 것도 좋다. 먼저 뽀뽀를 하고, 껴안으며, 아이가 가지런히 놓아준 신발을 신고 나갈 때 손가락을 걸고 도장을 찍는 식으로 아이와 엄마 사이에 약속된 이별의식을 치르는 것이다. 또 혼자 잘 놀다가도 문득 무서운 생각이 들거나 엄마가 보고 싶을 때를 대비해 엄마의 모습을 녹화해 둔 영상을 보게 할 수도 있고, 가족사진을 예쁘게 꾸며 아이가 지니고 다니도록 하는 것도 좋다.

완벽한 부모가 아니어도 충분해요

그리고 기약 없이 기다리는 것은 어른이나 아이 모두에게 힘든 일이므로 엄마가 돌아올 시간을 종이 시계 위에 그려 놓거나 아이의 시계에 표시해 놓자. 이렇게 하면 아직 시간을 볼 줄 모른다고 해도 시계 눈금이 미리 표시해 둔 시간과 똑같아지면 엄마가 온다는 것을 알고 아이는 한결 안심할 수가 있다. 단 돌아오겠다는 약속 시간은 최대한 지켜야 한다.

114. 아이를 연인 대하듯 하라.

유아 교육이란 조기교육도, 영재교육도 아닌 아주 기본적인 교육이다. 그런데 어떤 부모들은 경제적 어려움을 들어 아이 교육에 대한 책임을 회피하려고 든다. "누가 가르치기 싫어서 안 하나? 돈이 없어서 그렇지."라고 화를 낼지도 모르지만, 경제적인 이유는 유아 교육의 전체적인 관점에서 볼 때 지극히 작은 문제에 불과하다.

반대로 아이에게 이것저것 가르치면서 불필요한 엘리트 의식이나 허영심에 젖어 있는 부모들도 있다. 자기가 앞선 사람이라서 아이도 똑 소리 나게 키울 수 있다는 생각, 또는 비싼 돈 들여 가르치니까 누구보다도 잘 해야 한다는 생각은 몹시 위험하다. 부모의 허영심은 그대로 아이에게 전염된다. 현실적으로 1등은 한 명일 수밖에 없다. 1등만을 추구하다가 안 되면 아이 안에 열등감과 패배감이 커질 수 있고, 그런 결과가 두려워 시도조차 하지 않으려고 하는 소극적인 아이로 자랄 수도 있다.

중요한 것은 돈도, 집착도 아닌 애정이다. 누군가와 사랑에 빠졌던 경험을 떠올려 보자. 그 사람이 무엇을 좋아하는지, 기분이 어떤지 살피게 되며 말 한마디, 작은 행동 하나에도 조심하고 신경 쓰지 않았던가? 자신을 진정으로 사랑해 주는 사람이 생기면 왠지 자신감이 솟는 것을 느낀 적이 있을 것이다. 아이에게 필요한 것은 바로 그런 사랑이다.

115. 청개구리도 길들이기 나름이다.

사춘기는 10대에만 나타나는 것이 아니다. 우리가 흔히 '미운 세 살'이라고 하는 그때가 바로 최초의 사춘기이다. 결론적으로 말하자면 10대든, 미운 세 살이든 사춘기는 자아의식의 형성과 깊은 관계가 있다. 또 이 시기를 어떻게 보내느냐가 이후의 성장에 큰 영향을 끼치게 된다.

걷는 일이 자유로워지고 자기 의사를 말로 표현할 수 있을

완벽한 부모가 아니어도 충분해요

정도가 되면, 아이는 뭐든지 혼자 하려 들고 잠시도 가만히 있지 않고, 하지 말라는 것만 골라서 하기도 한다. 그래서 아무리 내 자식이라도 미운 생각이 드는 것은 어쩔 수 없는 노릇이다.

아이가 가장 많이 다치는 것도 이때이기 때문에 잠시도 눈을 뗄 수가 없다. 하지만 그렇다고 해서 아무것도 하지 못하게 과잉보호하는 것은 좋지 않다. 아주 위험한 경우가 아니라면 그냥 내버려두는 것이 바람직하다. 아이를 위한답시고 뭐든지 대신 해주면, 독립성을 잃어버리게 되며, 지나치게 행동을 제한하면 욕구 불만이 쌓이고 자신을 스스로 믿지 못하는 나약한 아이가 되기 쉽다.

부모가 아이의 인생까지 대신 살아줄 수는 없는 일이다. 아이가 혼자 무엇인가 하려고 할 때는 서툴러도 스스로 할 수 있도록 옆에서 힘이 되어 주고 '나는 할 수 있다'라는 자신감을 가질 수 있도록 믿음으로 대하는 태도가 중요하다.

116. 사랑한다는 말을 듣고 싶어 한다.

세계 제1의 교육열을 자랑하는 나라답게 시중에는 날마다 각종 학습 교재가 쏟아져 나오고, 아이들은 어려서부터 학원이다, 과외다 해서 밤에 잘 시간조차 없을 지경이다. 그런데 어릴 때부터 그토록 다양한 교육을 받은 아이들이 왜 자라서는 생각만큼 독립적이지도, 사회적이지도 못할까? 도대체 무엇이 부족한 것일까?

자식이 남보다 더 풍요롭게 살기를 바라는 부모들은 저마다 부모라기보다는 선생님이 되고자 했다. 그래서 학교에서 돌아온 아이들은 따뜻한 부모의 사랑을 느낄 새도 없이 또 다시 숙제다, 학원이다 해서 떠밀려 다녀야 하는 현실이 된 것이다. 이렇듯 아이가 올바른 인격체로 자라나기 위해 무엇보다 중요한 정서교육이 실제로는 '학습'에 밀려나고 있는 것이 문제다.

부모나 아이 모두 서로의 애정을 확인할 사이도 없이 그저 "알고 있겠지"라는 안일한 생각으로 가볍게 생각하고 있다. 그러나 표현되지 않은 애정을 마음으로 느끼기에는 아이들은 너무 어리다. 이것 해라, 저것 해라 요구만 하는 부모를 어느 아이가 좋아하겠는가? 또한 정서적으로 유대감이 없는 부모의 간섭을 아이들이 달갑게 여기지 않으리라는 것은 당연한 이야기다. 이제부터라도 부모는 '부모이기도 한 선생님'이 아니라 '선생님이기도 한 부모'로 되돌아가 아이에게 사랑을 표현하는 따뜻한 모습을 보여야 하지 않을까?

완벽한 부모가 아니어도 충분해요

117. 아이를 격려할 때는 이렇게 하자.

아이를 격려할 때는 첫 번째, 결과에 연연하지 말고 순수하게 격려해야 한다. 속마음으로라도 남보다 훨씬 나아야 한다고 생각한다든지 꼭 잘해야 한다고 말한다면, 아이에게 자신감을 심어주기는커녕 스트레스만 주게 된다. 최선을 다하는 것이 중요하다는 사실을 알려 주고 어떤 일이든 열심히 하라는 부모의 따뜻한 말 한마디가 아이에게 큰 힘이 된다.

두 번째, 부모 자신이 두려운 마음을 극복하고 아이를 믿어야 한다. 부모의 역할은 아이를 위험에서 멀리 떼어놓는 일이 아니라, 붕대를 충분히 준비해 놓고 아이가 하는 일을 지켜보는 것이라는 말이 있다. 부모가 완전히 믿고 맡길 때 아이는 성취감을 느끼게 되고 자신감도 생긴다.

세 번째, 비현실적인 격려는 하지 말아야 한다. 아이의 소질과 현재 수준을 잘 살펴본 후 그에 맞는 목표를 설정하도록 도와야 한다. 달걀이 새벽 알리기를 기대할 수 없듯, 30등 하는 아이에게 1등을 하라고 격려하는 것은 목표에 대한 두려움만 갖게 할 뿐 진정한 격려가 될 수는 없다. 실현 가능한 목표가 적극적인 노력을 부르는 법이다. 또 노력해서 조금이라도 좋은 결과를 얻는다면, 아이는 자신감을 갖고 스스로 자신의 목표를 한발 한발 높여 갈 수 있다.

118. 지금 이 순간 가장 아빠가 필요하다.

이 땅의 많은 아버지들은 아이들에게 문제가 생기면, 자신은 아이와 같이 있는 시간이 많지 않다는 이유로 어머니에게 모든 책임을 떠넘기려 한다. 그러나 같이 있는 시간의 양만으로 아이에 대한 부모의 영향력을 평가할 수는 없다.

요즘은 사춘기가 날이 갈수록 빨리 찾아오는 추세이다. 사춘기부터는 친구의 비중이 커진다.아이가 부모를 전적으로 필요로 하는 기간은 태어나서부터 길어야 10년이다. 그런데 불행하게도 이때가 아버지들에게는 인생의 승부수를 걸어야 하는 30대이다. 그렇다면 아이와 아버지는 영원히 함께 하기 어려운 운명에 놓인 걸까? 물론 그렇지 않다. 하루 종일 재미있게 놀아주어도 밤에 버럭 화를 낸다면 나쁜 아버지로 인식될 수 있고, 저녁때 잠깐 같이 있어도 포근한 사랑을 느낄 수 있다면 아이에게는 좋은 아버지라고 생각될 수 있다.

어느 정도 사회적으로 안정을 찾은 나이에 비로소 자식에게

완벽한 부모가 아니어도 충분해요

눈을 돌리지만, 좀처럼 눈을 맞추려 들지 않는 자식을 보며 씁쓸해하는 아버지들이 늘고 있다. 그런 아버지가 되고 싶지 않다면, 이제부터라도 아이에게 부모가 필요할 때 적은 시간이나마 효과적으로 '투자'할 수 있는 지혜를 발휘해야 할 것이다.

119. 선생님을 따르지 않는 아이를 지도하라.

예전에 비해 부모의 학력이 월등하게 높아지면서 선생님을 대하는 아이들의 태도도 사뭇 달라졌다. 자기 부모는 모르는 것이 없다고 생각하는 아이들 중에는 학교 선생님에게 배운 내용을 믿지 않고 집에 돌아와 부모에게 일일이 확인한다니 섬뜩함마저 느껴진다.

이때는 당연히 부모의 세심한 가르침이 필요하다. 만약 아이가 선생님에 대해 좋지 않은 반응을 보일 때는 부모가 선생님의 입장에서 아이가 이해할 수 있도록 설명해 주고 나무랄 줄 알아야 한다. 그리고 아이 앞에서 선생님에 대한 험담이나 부정적인 견해를 드러내서도 안 된다. 아이는 부모의 얘기를 듣고 자기도 모르게 선생님에 대한 나쁜 인식을 가질 수 있기 때문이다.

또 아이가 무언가를 물어올 경우, 때로는 선생님에게 물어

보도록 지도할 필요가 있다. 그리고 아이가 학교에서 배워 온 내용을 "선생님이 엄마보다 설명을 훨씬 더 잘해 주시는구나." 라고 말하는 것도 잊지 말아야 한다. 아이가 선생님을 믿지 못한다면 학교생활에 적응하지 못하는 것은 물론, 더 이상 발전할 기회마저 잃게 될 수 있다. 부모는 아이가 부모의 자리와 선생님의 자리를 명확히 구분할 수 있도록 지도해야 하며, 부모 자신도 가정교육으로 자신의 역할을 명확하게 규정짓는 태도가 필요하다.

완벽한 부모가 아니어도 충분해요

제2부

태교와 육아 119
전문 이론 편

제9장

머리가 좋은 아이의
부모는
어떤 사람인가?

교류분석 심리학1)에서는 인간은 무한한 사고능력을 가지고 태어났다고 전제한다. "개구쟁이라도 좋다. 씩씩하게만 자라다오." 이렇게 부모가 자녀에게 바라는 일차적인 소원은 물론 건강에 관한 것이다. 그리고 어느 부모라도 성격이 좋은 아이, 똑똑한 아이가 되었으면 좋겠다는 바램을 갖는다. 그중에서도 아이의 장래를 생각할 때, 아이의 지적인 가능성을 충분히 발달시켜서 학교 공부도 척척 해내고 슬기로운 사고력과 창의력, 풍부한 지식을 갖추어 유능한 사회인이 되기를 바라는 그것도 부모들의 공통된 바람이 아닐까? 자신은 그렇지 못하더라도 자식만은 뛰어난 머리를 갖기 바라는 것이 많은 부모들의 숨길 수 없

---

1)　교류분석 심리학은 성격이론이며 동시에 개인의 성장과 변화를 돕는 심리치료와 상담의 기법이다.

는 소망이다.

아이의 머리는 계속 좋아진다.

　그러나 이러한 바램과는 달리 대부분의 부모는 일반적으로 '머리가 좋다'는 것은 선천적이라든가, 유전적이라고 믿어왔기 따라서 정작 자녀의 두뇌 계발에는 소홀하다. 이것은 지금까지 인간의 지능은 선천적인 요소가 강하다는 것을 강조하고 지능지수(IQ)는 평생 변함없이 그 사람을 따라다닌다는 말을 너무나 많이 들어왔기 때문이다.

　과연 인간의 지능은 타고나는 것이기 때문에 후천적으로 향상하게 시키는 방법은 없는 것일까? 아니면 인간의 지능을 향상하는 것이 정말로 가능할까? 보다 좋은 두뇌를 가지려면 어떻게 해야 할까? 본격적으로 이번 장을 시작하기에 앞서 이러한 의문에 대한 답을 확실하게 해두기로 하자.

　지능의 향상은 명백히 가능한 일이다. 아이의 머리는 선천적 요소보다는 아이가 태어난 이후에 주어진 환경이나 생활고건 등의 요소에 의해 크게 좌우된다. 예를 들면 주위의 어른, 특히 부모가 만들어 주는 양육 환경에 따라 아이의 머리는 얼마든지 성장할 가능성을 갖고 있다.

　그렇다고 해서 어린 자녀에게 공부를 무리하게 강요하거나 재촉하라는 이야기가 아니다. 일상생활 속에서 조그마한 기회를 잡아서 아이의 머리가 훈련될 수 있도록 이끌어주기만 하면 된다. 이 책은 6세 이전의 영유아를 일차 대상으로 연구하였다. 영유아와 부모 간 놀이나 일상의 대화와 같은 아주 자연스러운 접촉을 통하여 어떻게 하면 우리 아이의 머리를 더 좋아지게 할 수 있을까에 대해 연구한 결과물이다.

'머리가 좋다'라는 것은 무엇인가?

이 책에서 소개하는 방법들은 중 고등학생이 되고 난 후에는 너무 늦으며, 그보다 훨씬 일찍, 즉 초등학교에 들어가기도 전에 익혀두어야 한다. 그래야 초등학교에 들어가서도 공부로 골머리를 썩힐 걱정이 없게 된다. 합리적인 사고방식과 효율적인 공부법의 토대가 되는 아이의 두뇌를 부모의 정성으로 향상시킬 수 있다는 것이 이 책의 주제인 것이다. 그렇게 되면 아이는 학교 공부는 단시간 내에 해치워 놓고 남는 시간은 즐겁게 논다거나 체력을 단련하여 조화롭고 풍부한 생활을 할 수 있게 된다.

그렇다면 과연 머리가 좋다는 것은 무슨 뜻일까? 또 지능 검사(IQ)에서 측정한 지능은 도대체 무엇인가에 대해서 먼저 생각해 볼 필요가 있다.

우리들은 일상적으로 별생각 없이 '머리가 좋다'라는 말을 하고 있는데, 깊이 생각해 보면 이 말은 다양하고 복잡한 내용을 함축하고 있다. 머리가 총명하다. 영리하다. 날카롭고 빈틈이 없다. 회전이 빠르다. 일을 요령 있게 척척 해치울 수 있다. 척 하면 삼천리다. 하나를 들으면 열을 안다. 재치가 있다. 한 번에 많은 것을 듣고 이해할 수 있다. 머리가 유연하다. 판단이 빠르다. 창의력이 풍부하다. 등등 대충 꼽아봐도 머리가 좋다는 것과 연관 있는 말이 수도 없이 많다. 도대체 머리가 좋다는 것의 정체는 무엇인가?

비유해서 말하자면 컴퓨터 용어에 하드웨어, 소프트웨어라는 말이 있다. 하드웨어란 컴퓨터 기계 그 자체이고 소프트웨어란 하드웨어를 통해 운영하는 프로그램을 의미한다. 따라서 하드웨어가 좋지 않으면 복잡하고 고도로 정밀한 소프트웨어를 처리할 수 없다. 인간의 머리를 이 컴퓨터에 비교하자면 머리 자체가 좋다는 것은 결국 하드웨어가 좋다는 것이 되는 셈이다.

물론 인간의 머리가 좋다고 할 때에는 이 외에도 몇 가지 조건이 더 있다.

우선 첫째 조건은 같은 작업이라도 별다른 노력 없이 즐겁게 해낼 수 있어야 한다는 것이다. 즉 똑같은 시험공부를 한다고 해도 머리가 좋은 사람은 머리를 싸매고 끙끙거리지 않아도 상쾌한 얼굴로 유유히 좋은 성적을 낼 수 있는 능력을 갖추고 있다. 이것은 마치 컴퓨터의 하드웨어가 고성능이면 같은 소프트웨어라도 여유 있게 수행해 내는 것과 비슷하다고 할 수 있다.

두 번째 조건은 똑같이 일을 즐겁게 해낸다 해도 그 과정이 어떠냐에 따라서 다르다. 같은 머릿속이라고 해도 컴퓨터와 같이 그저 가르쳐준 내용만을 충실히 기억하여 지시해 주는 대로 그대로 조작하는 것만으로는 정말로 머리가 좋다고 할 수 없다. 가르쳐주지 않은 것을 창조하고 처음 경험하는 상황에도 적응할 수 있는 응용력이 따르지 않으면 안 된다.

기억 중심의 테스트에 강한 '학교 수재'를 반드시 머리가 좋다고는 평가할 수 없는 것은 이러한 응용력과 창의력이 의문시되기 때문이다. 이렇게 생각하면 지금까지 머리가 좋은지, 나쁜지를 재는 유일한 잣대로 믿어 온 지능 검사(IQ)는 창의적 능력을 전혀 재지 못하는 결점이 있다는 것을 알 수 있다.

지능 검사(IQ)로 잴 수 없는 창의적 능력

사회에서 중요시하는 능력 중의 하나는 창의적 능력이다. 이것을 측정하지 않고서 '머리가 좋다 나쁘다' 하는 것을 문제 삼는 것은 전혀 의미가 없다고 해도 과언이 아니다.

창의성 이론으로 유명한 미국의 지능과 인지능력 심리학자 길포드는 일찍이 이 점을 지적하면서 지능 검사 만능주의에 경고를 해왔다. 그 후 많은 세월이 흘러 우리나라에도 이 점을 문제 삼는 사람이 많아지긴 했지만, 여전히 일반 사람들이 지능 검사에 집착하고 있는 현실은 심각하게 재고해야 하지 않을까?

그리고 또 하나 우리들이 주목해야 할 머리의 좋고 나쁨의 요체는 여전히 인간의 뇌가 시간과 함께 변화한다는 사실이다. 이것은 컴퓨터의 예를 보면 쉽게 알 수 있는데, 조립된 하드웨어에 회로의 고장이나 보강이 없는 한, 몇 년이라도 계속 같은 능력을 갖는다. 그러나 인간의 뇌는 한번 만들어진 능력이라도 사용을 하지 않고 그대로 두면 점차 약해지고 만다. 더욱 중요한 것은 인간의 두뇌는 컴퓨터처럼 탄생의 순간에 모든 것이 완성되지 않는다는 점이다.

지능 검사가 인간이 갖고 있는 선천적인 능력의 측정이라는 면을 지나치게 강조했기 때문에 지능은 평생 변하지 않고 고정되어 있다는 편견을 갖게 되었다. 그렇다면 무엇보다도 먼저 지능검사를 절대시하는 편협한 사고에서 벗어나는 것이 필요하다.

아이의 두뇌는 얼마든지 성장할 수 있다.

인간의 지능은 어린 시절의 다양한 체험이나 환경의 영향을 받으며 성장하기도 하고 정체하기도 한다. 예를 들면 미국의 톰슨과 론이라는 두 심리학자는 애완견을 사용한 실험을 통해 다음과 같은 아주 흥미로운 결과를 발표하였다. 강아지들을 두 무리로 나누어, 한 무리는 생후 3개월까지 좁은 상자 안에서 기르고, 다른 무리는 넓고 자유로운 환경에서 길렀다. 그 후 다시 10개월간 양쪽 모두 똑같은 환경에서 기른 후 10개월째에 여러 가지 문제를 가지고 실험을 했다. 실험은 주위의 길이라든가, 또는 가리개 뒤에 감춰진 먹이를 찾게 하는 것이었는데, 결과는 초기 3개월간 자유롭게 자란 강아지 쪽이 훨씬 우수했다.

이러한 실험과 인간에 대한 많은 관찰 결과를 통하여 머리의 좋고 나쁨은 결코 선천적이 아니며 성장과 학습이 서로 뒤얽혀 발달해 가는 유동적인 과정이라고 생각하는 편이 훨씬 타당하다는 것이 밝혀지고 있다.

또 많은 지능과 인지 발달 전문 서적과 연구논문 등에서 소개되고 있듯이 인간 뇌의 발달은 어린 시절에 대단히 빠른 속도로 진행된다. 인간의 고등한 정신 활동은 대뇌피질에서 이루어지며 그 움직임이 머리의 좋고 나쁨을 결정하는 것이다. 뇌는 뉴런이라는 신경세포를 1,000억 개 이상 가지고 있다. 뇌의 기능은 이 1,000억이나 되는 방대한 수의 뇌세포에서 각각 1만 개 이상의 돌기가 나와 이것이 서로 복잡하게 결합하고 뒤얽혀서 발휘되는 것이다.

그 뒤얽힌 세포의 약 60%가 3세 정도가 되면 거의 형성된다는 사실에 놀라지 않을 수 없다. 이것은 취학 시기인 6세 전후와, 10세 전후에 급커브를 그리면서 더욱 발전한다. 초등학교를 졸업할 때까지 인간의 대뇌는 90%가 완성된다. 그 후에는 서서히 발전하여 17-18세, 늦어도 20세까지 인간 뇌의 발달은 정점에 달하여 하드웨어로서의 뇌가 완성된다. 우리가 문제로 삼는 것은 초등학교 입학 전 대단히 빠른 속도로 뇌가 발달하여가는 시기이다. 이 시기에 어떤 양육 환경이 주어지느냐에 따라 머리의 질이 어느 정도까지 결정될 가능성이 있는 것이다.

아이의 사고력 향상에 가장 중요한 변수는 부모이다.

그러면 누가 아이의 머리를 좋게 만들어 줄 것인가 하는 점이 문제가 된다. 그것이 가능한 사람은 항상 아이 옆에서 아이를 돌봐주는 사람일 것이다. 결국 보통의 경우라면 부모가 그 자격을 갖는 유일한 사람이다. 그런 의미에서 아이가 탄생하는 그날부터 부모의 양어깨에는 커다란 책임이 주어져 있다고 할 수 있다.

아이를 튼튼하게 키우는 것도 힘든 일인데, 부모가 이런 커다란 책임까지 감당해야 한다는 것은 정말 어려운 일이다. 그러나 놀랍게도 방법을 알면 그렇게 힘든 일이 아니다. 단지 부모들이 매일 아이들이 하는 일을 아주 조금만 신경을 써서 의도적으로 도와주기만 하면 그것으로 충분하다.

〈그림 11〉 사고력 향상은 부모 하기 나름

중요한 것은 아이의 머리를 좋게 만드는 원리와 방법을 부모님들이 우선 알아둘 필요가 있다는 점이다. 그것이 바로 지금부터 이 책에서 말하려고 하는 것이다. 저자가 말하고자 하는 것의 본질을 쉽게 이해시키기 위해서 우선 하나의 예를 들겠다.

어느 시골에 사는 아이가 6살이 되어서 내년에는 초등학교

완벽한 부모가 아니어도 충분해요

에 들어가야 하는데도 아직 말을 제대로 못 하고 다른 사람의 말도 제대로 이해하지 못했다. 흔한 말로 지진아인 것이다. 뒤늦게 이 아이가 4살 때부터 귀가 잘 안 들린다는 사실이 밝혀졌는데, 문제는 바로 여기에 있었다.

아이의 두뇌 발달에 있어서 말이 얼마나 중요한 의미를 지니는가를, 이 아이의 부모는 모르고 있었던 그것이 분명하다. 이상하다고 생각하면서도 4살 때까지 내버려둔 것이다. 물론 아주 외진 시골이라는 불운도 있었다. 만약 이 부모가 아이의 두뇌 발달에 있어서 말이 얼마나 중요한 역할을 하는지를 알고 있었더라면 얼마나 좋았을까 하고 되돌아오지 않는 시간을 아쉬워하는 것은 저자들만은 아닐 것이다.

난청 증세를 보이는 이 아이는 그 증상이 발견되는 즉시 보청기를 마련해 주어서 부모와의 말을 통한 대화가 방해 받지 않도록 해야만 했다. 그렇게만 해주었더라면 아이는 아무런 어려움 없이 쑥쑥 자랐을 것이다. 이 시골 아이가 지금부터라도 빠른 속도로 다른 아이들의 뒤를 따라가 줄 것이라고 기원하면서도 부모들이 지고 있는 무거운 책임을 통감하지 않을 수 없다.

머리를 좋게 만드는 것도, 나쁘게 만드는 것도 궁리하기 나름

그런데 아이들과의 언어 대화에 문제가 없다고 해서 안심할 수 있느냐 하면 꼭 그렇지도 않다. 예를 들면 유원지 같은 데서 자주 볼 수 있는 광경인데, 부모와 아이 사이에 이런 대화가 있다. "거기에 가면 안 돼." "왜?" "위험하니까." "왜 위험해?" "왜 냐하면 난간이 망가져 있잖아. 기대면 떨어져." "떨어지면 왜 위험해?" "다치고 상처가 나요. 너도 다치는 건 싫겠지?"

이와 똑같은 상황에서 다른 부모는 이런 대화를 할지도 모르겠다. "저기에 가면 안 돼." "왜?" "아무튼 글쎄 안 돼. 너는 이제 어린애가 아니야." "어린애가 아니면 왜 가서는 안 되는 거야?" "안 된다고 하면 가지 않는 거야. 말 안 들으면 다음부터는 같이 데리고 다니지 않을 거야." "하지만 왜 안 되는지 가르쳐 줘." "고집쟁이 같으니라고. 엄만 이제 몰라."

이 두 부모는 무의식중에 아이를 대하고 있는 게 다르다. 그렇다면 그 결과는 어떨까?

첫 번째 부모는 왜냐고 물어대는 아이에게 될 수 있는 한 아이가 납득할 수 있게끔 설명하려고 하고 있다. 아이는 부모와의 접촉을 통해서 부모가 왜 자신의 자유스러운 행동을 제약하는지 그 이유를 알 수 있고 그것을 거역할 때의 결과를 예상할 수도 있다. 즉 아이는 이러한 과정을 통해서 어느새 조리 있게 이야기하는 방법, 논리성의 싹을 키워갈 수 있는 것이다.

이에 반해 두 번째 부모는 아이의 의문에 대하여 일체 대답

완벽한 부모가 아니어도 충분해요

을 안과 그저 그 행동을 금지하고 협박하여 부모의 생각대로 따르게 하려고 한다. 아이는 이유를 듣지 못한 채, 납득을 하지 못한 채 부모의 말에 따를 수밖에 없다. 이러한 방식이 반복되는 동안에 아이는 이유를 묻는 행동을 중지하게 되며 다른 사람의 말을 생각 없이 따르는 경향이 생기게 될 것이다.

이러한 결과를 보고 있으면 부모가 생각 없이 하는 아이와의 대화가 아이의 머리를 좋게도, 나쁘게도 한다는 것을 알 수 있다. 생각하면 할수록 정말 심각한 문제가 아닐 수 없다.

부모는 자녀의 교육설계사

이렇게 말하면 조기교육 예찬이라든가, 영재교육 권장이 아닌가 하고 눈에 쌍심지를 세우는 사람이 있을지도 모른다. 어차피 머지않아 시험경쟁에 뛰어들어야 하므로 적어도 어렸을 때는 그냥 내버려두자고 할지도 모른다. 그러나 과연 이것이 올바른 주장일까?

저자들이 이 책에서 말하고자 하는 것은 결코 강요를 말하는 것이 아니다. 보통 부모나 주위의 어른들이 매일매일의 생활 속에서 생각 없이 하고 있는 행동의 의미를 묻고 다소 궁리하여 새로운 바람을 불어넣자는 이야기이다. 아이들을 내버려두라고 주장하는 사람은 극단적으로 말한다면 어른이 당연히 해야 할 최소한의 노력도 게을리하는 무책임한 모습이라고 볼 수 있다.

그러면 도대체 아이의 머리를 좋게 만들기 위해서 우리들은 무엇을 해야 하는 걸까?

그에 관한 구체적인 내용은 앞으로 차례대로 펼쳐나갈 예정이지만, 우선 저자들이 부모들에게 부탁하고 싶은 것은 부모가 아이의 교육설계사가 되었으면 하는 것이다. 교육설계사라면 사람들은 아이의 교육에 적극적으로 나서서 아이를 자기 생각대로만 끌고 가려는 부모를 연상할지도 모른다. 그러나 저자들이 말하는 교육설계사는 주입이나 강요를 하는 사람이 아니다. 그렇게 하지 않아도 아이가 자발적으로 열심히 공부를 해나가게 할 수 있도록 유도해 가는 부모야말로 훌륭한 교육설계사라고 할 수 있다.

과거의 인간관, 교육관에 비추어 보면 인간은 게으른 존재이기 때문에 그냥 내버려두면 안 된다고 생각한다. 회초리를 들거나 미끼를 던져서라도 바람직한 방향으로 갈 수 있는 동기를 만들어 주어야 한다는 것이다. 이러한 인간관, 교육관을 정면으로 반대하며 아이의 자발성을 적극적으로 인정하는 교육설계사의 역할에 철저했던 위대한 교육자로서 이탈리아의 마리아 몬테소리 여사를 꼽을 수 있다.

부모의 의지로 강제해서는 효과가 없다.

앞으로도 자주 언급하겠지만 몬테소리 여사의 신념은 다음과 같았다. "아이에게 억지로 공부시켜서는 안 되며 또 그럴 필요도 없다. 아이의 흥미에 맞게 만들어진 교육재료를 주기만 하면 아이는 혼자서도 스스로 공부한다."

몬테소리 여사의 방식으로 교육을 받은 아이들을 보면 유치원 아이들 특유의 소란함이 거의 없다. 작은 아이건 큰 아이건 각자 독립적으로 조용하게 공부하고 있는 것을 볼 수 있다. 더구나 어떤 때는 어린아이가 몇 시간씩이나 공부에 열중하면서 싫증 한 번 낼 줄 모른다. 아이들은 싫증을 잘 내는 법이라는 고정관념을 갖고 있는 어른들에게는 이것은 실로 기적처럼 보인다. 이와 같이 아이의 자발성 존중과 그것을 실현한 교육설계사로서의 수완은 몬테소리 여사의 훌륭한 이론과 함께 높이 평가해야 할 점이라고 생각한다.

부모의 관찰과 아이디어로 아이의 머리가 결정된다.

이러한 자발성의 존중 외에도 저자들은 교육설계사라는 말 속에 여러 가지 내용을 포함해서 생각하고 있다.

우선 부모들에게 바라는 것은 민감한 관찰력을 길러 달라는 것이다. 그렇다고 이것이 특별히 어려운 주문은 아니다. 예를 들면 갓난아기의 울음소리를 듣는 부모의 예민한 귀는 특별하게 노력해서 얻어진 것이 아니라 자연스럽게 체득된 것이다. 그와 마찬가지로 아이의 움직임에 주의하기만 한다면 아이가 지금 무엇에 흥미를 느끼고 있는지, 무엇을 갖고 싶어 하는지를 저절로 알 수 있을 것이다. 저자들이 예민한 관찰력을 길렀으면 좋겠다고 한 것은 사실 이렇게 아이 마음의 움직임을 읽어내는 관찰력을 체득했으면 좋겠다는 뜻이다.

이것을 체득한다면 부모는 아이를 위해 여러 가지 교육적 설계를 할 수 있게 된다. 그것은 바로 아이가 무엇인가에 흥미를 갖고 있다는 것이 느껴지면 아이가 그것에 대해 학습할 수 있는 환경을 갖추어 주도록 하는 것이다.

어느 부모는 아이가 문자에 대해 흥미를 느끼고 있음을 일찍 발견하고 아이 주위의 물건에 '텔레비전' '책상'이라는 식으로 글자를 써넣은 이름표를 달아 주었다. 그러자 아이는 별 어려움 없이 글자를 깨쳐서 나중에는 혼자서 책을 읽는 등 점차 스스로 수준을 높여 갔다고 한다. 이런 식으로 교육설계사에게 필요한 것은 예민한 감각과 함께 교육설계사로서 필요한 아이디어이다. 이 아이디어에 대한 힌트는 이 책에서 충분히 제공될 것이다.

완벽한 부모가 아니어도 충분해요

그리하여 부모가 저자들이 말하는 교육설계사가 된다면 아이의 머리가 좋아지는 것은 보증해도 좋다. 중요한 것은 아이의 머리에 적절하고 유효한 자극을 주어 아이가 자발적으로 머리를 사용하여 사고하도록 도와주는 것이다. 더구나 아이에게 생각하게 할 기회는 억지로 노력하지 않아도 언제 어디서나 쉽게 만들어낼 수 있다. 부모에게 필요한 것은 이렇게 아이를 생각하도록 만드는 아이디어와 궁리하는 마음이다. 그 힌트나 기초 훈련은 이 책이 마련해줄 것이다.

지능의 발달은 어떤 과정을 거치는가?

인지 심리학자며 교육학자인 장 피아제[2]는 지능 발달의 과정을 네 가지 주요 단계로 구분하고 있다. 감각운동기, 전 조작기, 구체적 조작기, 형식적 조작기가 바로 그것이다. 이 책에서 제시하는 실천적 방법들의 이론적 근거가 되는 중요한 내용이므로 좀 더 자세하게 살펴보자.

---

2) 스위스의 심리학자, 철학자, 자연과학자이다. 아이가 사고력을 획득하는 과정을 체계적으로 연구한 최초의 학자였다.

1) 감각운동기 – 덮개 아래에 있는 장난감을 찾아낸다.

감각운동기는 생후 18개월까지의 기간을 말한다. 피아제에 의하면 이 단계의 아이는 '바로 이 순간 여기에서' 일어나고 있는 것 이상은 생각하지 못한다고 한다.

예를 들어 장난감을 향해 손을 뻗는 갓난아이 앞에서 그 장난감을 덮개로 가리면 갓난아이는 즉시 손을 뻗는 것을 그만둔다. 그러나 이 단계가 지나면 아이의 사고는 한층 복잡해져서 새로운 상황을 이해하려고 한다. 요컨대 사물의 영속성이라는 개념을 이해하기 시작하면서 덮개를 들춰내고 밑에 있는 장난감을 찾아낸다는 것이다.

2) 전 조작기 – 극도로 자기중심적이며 보이는 것에 의해서만
판단한다.

전 조작기는 아이가 대상을 표현하는 단어를 기억하기 시작하면서부터 일곱 살 정도까지의 단계이다. 이 단계의 아이는 매우 자기중심적이기 때문에 다른 사람의 관점을 고려하지 못한다. 또 눈앞의 대상을 전혀 엉뚱한 사물로 왜곡되게 받아들이는 경향을 보인다. 예를 들어 전 조작기에 있는 아이는 비누 조각을 보트로 생각하여 욕조 속에서 달리게 하거나 골판지 상자 안쪽을 마치 절벽인 양 기어오르기도 한다.

완벽한 부모가 아니어도 충분해요

또 이 단계의 아이는 사물의 특징을 오로지 눈에 보이는 사실에만 기초하여 판단하려는 경향이 있다. 그 때문에 액체나 고체가 부피의 변화가 없어도 형태가 바뀔 수 있다는 것을 이해하지 못한다. 이에 관해서 피아제는 '보존성' 실험이라는 유명한 실험을 행한 바 있다. 깊이가 얕고 입구가 넓은 컵에 있던 착색한 물을 깊고 좁은 컵으로 옮겨 담는 과정을 지켜본 아이는 깊은 컵 쪽의 수위가 높다는 이유로, 거기에 담긴 물이 얕고 넓은 컵에 있던 물보다 많다고 생각한다는 것이다.

3) 구체적 조작기 - 사물의 상관관계를 깨닫는다.

구체적 조작기는 일곱 살부터 열한 살까지로 이 단계의 아이는 질량 보존 법칙의 원리와 대상물과의 관계를 이해하고 '더 크다' '더 작다' '더 밝다' '더 어둡다' 등의 상관관계를 파악하기 시작한다. 이 단계의 아이는 바깥세상에 적응하기 위한 중요한 규칙을 많이 터득하기는 하지만 아직 추상적인 논리는 이해하지 못한다. 그것이 가능해지는 시기는 피아제가 제시한 발달 모델의 마지막 단계이다.

4) 형식적 조작기 - 추상적인 사고를 하고 가공의 상황을 상상한다.

마지막 단계인 형식적 조작기는 열한 살부터 열다섯 살까지로 이것은 성인의 논리를 갖추기 시작하는 준비 단계이다. 이 단계의 청소년은 추상적인 언어로 사고할 수 있고, 가공의 상황을 상상하는 것도 가능하다. 또 자신과 타인의 행위에 따른 결과를 예측할 수도 있다.

아이가 네 가지 단계를 충분히 체험하게 하라.

피아제는 만약 이 네 가지 중 어느 한 단계라도 충분히 체험하지 못하면 그것은 그다음 단계의 발달에 불리하게 작용한다. 심지어는 성인의 지적 수준에 이르는데 지장을 초래할 수도 있다고 했다. 반대로 어느 한 단계에서 겪는 체험이 풍부하면 할수록 다음 단계의 발달은 더욱 가속화된다는 것이다. 피아제의 지능 발달 이론은 철저한 과학적 조사에 근거한 것이다. 아동의 각 발달 단계의 내용을 풍부하게 함으로써 지능 발달의 속도를 향상시킬 수 있다는 피아제의 발달 이론은 대다수의 인지 심리학자가 기본적으로 인정하고 있다.

피아제의 인지발달 이론과 자녀교육

피아제의 인지발달 이론은 특히 교육 분야에 엄청난 영향을 미쳤다. 어린이들이 어떻게 인식하고 이해하는지에 대한 통찰을 제공하며, 이를 교육과정 설계 및 교수법과 평가 방법 등 다양한 영역에서 적용할 수 있게 발전되었다.

교육과정 설계: 피아제의 인지발달 이론은 아동의 발달 단계에 적합한 교육 내용을 결정하는 데 중요한 기준을 제공했다. 예를 들어 구체적 조작기에 있는 아동들에게는 실제 문제를 사용하여 수학적 개념을 가르치는 것이 효과적이라는 사실이 밝혀졌다.

교수법: 피아제는 아동들이 스스로 탐구하고 발견하는 과정에서 가장 잘 배운다고 봤다. 이에 따라 교사들은 학생들이 자신의 경험을 통해 지식을 구성할 수 있도록 격려하는 '발견학습'이나 '문제 중심학습'과 같은 교수법을 사용하게 되었다.

평가 방법: 피아제의 이론은 아동이 어떤 단계에 있는지를 이해하는 데 도움을 줌으로써, 평가 방법에도 영향을 미쳤다. 평가는 단순히 지식의 정확성을 측정하는 것이 아닌, 아동의 사고 과정과 문제해결 능력의 향상을 평가하는 방향으로 발전하였다.

교육적 지원: 이 이론은 아동 개개인의 발달 수준에 맞춘 개별화된 교육의 중요성을 강조한다. 교육자들은 각 아동이 처한 인지 발달 단계를 고려하여, 그들에게 적절한 지원을 제공해야 한다는 인식을 갖게 되었다.

창의성과 비판적 사고 촉진: 형식적 조작기에 접어든 아동들에게는 추상적인 사고와 현실 검증을 요구하는 활동이 중요하다. 교육자들은 학생들에게 비판적 사고와 창의력을 발휘할 기회를 제공하도록 교육과정을 구성해야 한다고 주장했다.

피아제의 이론은 교육자들이 아동의 인지적 발달을 이해하고, 각 아동의 발달 수준에 맞는 교육을 하는 데 중요한 틀을 제공했다. 그러나 모든 아동이 같은 순서로 발달한다는 가정과 문화적 차이를 충분히 고려하지 않았다는 비판도 있기 때문에 오늘날 많은 교육자는 피아제의 이론을 다른 이론과 결합하여 더 포괄적인 교육 방법을 모색하고 있다.

좋은 대학보다 좋은 유치원에 보내는 것이 더 중요하다.
하버드대학 인지연구센터의 제롬 브루너[3]와 그의 동료들은 여러 가지 면에서 피아제의 연구와 비교될 만한 연구조사를 실시했다. 특히 브루너는 각 개인이 생후 체험을 시작하면서부터 어떤 방법으로 개념을 학습해 나가는지를 분석했다. 그 결과 그는 아이들이 모두 저마다 특징 있는 개념 습득 방법을 개발해 낸다는 사실을 발견했는데, 이 방법은 주로 아이가 주변 환경과

---

3) 미국의 심리학자이자 교육학자로, 그의 연구와 이론은 학습과 교육에 대한 새로운 관점을 제시했다.

완벽한 부모가 아니어도 충분해요

의 상호 작용을 시작하는 성장 초기의 피드백에 의한 것이다.

브루너는 피험자의 사고 과정 특징을 파악하기 위해 수백 번의 실험을 실시하여 유아의 일반적인 논리적 사고 과정을 세 가지 유형으로 정리하고 분류하였다. 이 과정들은 피아제의 발달 모델과 마찬가지로 단계별로 순서에 따라 이어지는 것이다. 피아제의 발달 모델과 다른 점은 브루너가 제시한 각 사고 단계는 유아의 사고가 다음 단계의 발달로 이동한 뒤에도 여전히 효력을 가지고 있으며, 모든 단계의 활동이 그대로 보유되어 성인이 된 후에도 사고방식의 일부로 흔적을 남기는 경우가 많다는 것이다. 따라서 초기의 단계를 그 후의 단계로 대치할 수는 없다.

제1단계는 피아제의 발달 과정 중 '감각운동기'와 '전 조작기'에 해당하는 단계로서, 브루너는 이 단계를 '정서논리단계'라고 명명했다. 이 단계의 아이는 어떤 행동을 하고 난 뒤 그것이 적절하고 즐거운 경험이었다고 느끼면 그것을 반복하고, 반대로 불쾌함을 느끼는 경우에는 그 행동을 기피하는 경향을 보인다.

제2단계는 '기능논리단계'로 피아제의 '구체적 조작기'에 해당한다. 이 단계의 아이는 '의자는 앉기 위한 것이고, 계단은 올라가기 위한 것이다.'라고 기능적으로 생각한다. 이 단계의 논리적 사고가 좀 더 복잡하게 발전한 것이 바로 엔지니어나 기술자들의 사고방식이다.

제3단계는 논리적 사고의 마지막 발달 단계인 '성인논리단계'이며 피아제의 '형식적 조작기'와 마찬가지로 상징적이고 추상적인 사고 단계이다.

브루너의 사고 발달의 단계와 유형은 '아이의 인지능력 성장 초기에 적절한 개념을 가르치기만 하면 얼마든지 증대시킬 수 있다.'는 것을 시사하고 있다. 브루너의 주장에 따르면 모든 아이는 나이에 상관없이 그 아이가 이해할 수 있는 범위 내의 언어를 사용하여 가르치기만 하면 어떠한 난해한 개념도 학습할 수 있다는 것이다. 따라서 그는 성인이 되고 난 후의 학습보다 성장 초기의 체험을 풍부하게 하는 것이 뛰어난 인지능력을 지니기 위한 열쇠라고 생각한다. 이와 관련하여 조지 크라일은 "자식을 좋은 대학에 넣을 것인가 아니면 좋은 유치원에 넣을 것인가의 선택이 허락된다면, 나는 좋은 유치원 쪽을 선택할 것이다. 왜냐하면 좋은 유치원이 그 어떤 수준 높은 대학보다도 아이의 인생에 훨씬 더 큰 영향을 미치기 때문이다."라고도 말했다.

브루너에 의하면 학교에서 아동의 발달 단계에 맞는 어휘를 사용하여 핵심 개념을 주의 깊게 교육하고 그것을 아이의 어휘가 늘어남에 따라 점점 고도의 형태로 복습시킨다면, 아이의 인지능력은 훨씬 큰 폭으로 증진된다고 한다. 하지만 아이가 학교에 들어갈 즈음에는 이미 아이의 두뇌와 지능은 거의 발달을

완벽한 부모가 아니어도 충분해요

끝낸 상태이기 때문에, 지능을 향상하기 위해서는 힘들고 고된 훈련이 뒤따라야 한다고 보았다.

브루너의 인지발달 이론과 자녀교육

브루너는 아동의 지각, 학습, 기억 및 인지에 대한 연구로 피아제와 함께 미국 교육제도에 큰 영향을 미쳤다. 브루너의 연구는 피아제의 인지발달 단계 개념을 교과과정에 도입하는 데 도움을 주었다. 그는 어떤 교과목이라도 적절한 방법으로 제시하기만 하면 특정 발달 단계에 있는 아동 누구에게나 가르칠 수 있다고 주장했다.

그에 따르면 모든 아동에게는 타고난 호기심과 다양한 학습 과제를 잘해 보려는 욕구가 있으나, 제시한 과제가 너무 어려우면 싫증을 느끼게 되므로 교사는 아동의 현재 발달 단계에 알맞은 수준으로 학습 과제를 제시해야 한다고 강력하게 주장했다.

두뇌발달 단계에 적합한 양육 환경을 조성하라

과거에는 두뇌란 의학이나 생물학, 심리학 등 특정 학문에서만 다루는 연구 대상이었다. 그러나 최근에는 여러 학문 분야에서 두뇌 과학의 연구 결과를 응용, 적용, 활용하고 있다. 요즘 들어서는 자녀를 이해하고 효과적으로 교육하는 인간발달, 부모교육, 자녀양육 분야에도 큰 기여를 하고 있다.

자녀 두뇌발달의 특성 및 상태와 상관없이 부모의 관점과 잣대로 무리하게 공부시키는 것이 별 의미가 없으며 좋은 결과를 이끌어내지도 못한다는 사실을 이제는 많은 부모가 알고 있다. 어떤 환경이 자녀의 건강과 행복한 삶에 도움이 되는 지에 대해서도 유익한 정보를 많이 알게 되었다. 모두 뇌과학의 연구 결과 덕분이다.

이 책은 부모가 자녀를 이해하고, 자녀가 원하고 필요로 하는 양육과 교육이 어떤 것인가에 대한 내용을 담고 있다. 우리 아이의 두뇌가 과연 무엇을 좋아하고 원하는지 알아보고자 하는 것이다. 출생 직후부터 6세까지, 더 확장하면 12세까지에 해당하는 우리 아이의 두뇌에 초점을 맞추고 있다. 이 시기가 두뇌발달의 중요한 시기이자 결정적 기회의 시기이기 때문이다. 무엇보다도 먼저 중요한 시기별 두뇌발달의 특성과 이에 맞는 적합한 양육 환경은 어떠해야 하는지에 대해 알아보자.

이 시기의 아기의 뇌는 '폭발적'이라는 단어로 표현할 수밖에 없을 정도로 급성장한다. 인간이 태어나서 죽을 때까지의 모든 시간을 통틀어 이 시기만큼 빠르게 두뇌가 발달하고 성장하는 경우는 없다. 그렇다면 두뇌가 발달하고 성장한다는 말의 의미는 무엇일까? 무게가 많이 나간다는 것일까? 키가 자라듯 두뇌가 커진다는 말일까?

인간 두뇌의 용량은 무한하다

인간의 모든 정보체계와 기능을 담당하고 있는 두뇌의 무게는 어른도 대략 1.4킬로그램 정도밖에 나가지 않는다. 하지만 두뇌에 있는 뇌세포의 수는 약 1,000억 개나 된다. 그리고 뇌세포 하나하나마다 평균적으로 1만 개 정도의 가지를 뻗을 수 있다. 뇌세포 하나에서 뻗어 나온 가지가 다른 뇌세포와 연결되어 1만 개나 되는 연결 회로망을 형성할 수 있다. 그러므로 대충 계산해도 신생아의 두뇌 전체가 만들 수 있는 연결 회로망, 즉 시냅스는 대략 1,000조 이상이다.

아기가 막 태어났을 때 뇌의 무게는 고작 350그램 정도밖에 되지 않으며 뇌세포의 15-17퍼센트 정도만 연결 회로망, 즉 시냅스가 형성되어 있다. 이 상태에서 아기가 엄마의 목소리, 촉감, 다양한 소리 등의 자극을 경험하면 연결 회로망이 점점 증가한다. 그래서 생후 3년 만에 두뇌의 무게는 1,000그램까지 증가한다. 이는 뇌세포의 수가 증가하는 것이 아니라 뇌세포 간의 연결 회로망, 즉 시냅스가 증가해 두뇌의 무게가 폭발적으로 늘어나는 것이다.

아무것도 하지 않는 것 같지만 아기의 두뇌는 무섭게 자란다.
이상과 같이 신생아의 두뇌는 뇌세포 간의 연결 회로망이 충분히 만들어져 있지 않다. 생후 3개월 동안 여러 자극을 받으며 보고, 만지고, 느껴야 뇌세포 간의 연결이 이루어진다. 그래서 생후 3개월 정도가 되면 서로 정보를 주고받을 만한 뇌세포들끼리 시냅스를 형성한다. 생후 2세가 되면 아이는 더 많은 경험과 자극, 정보를 접하게 된다. 이때 복잡한 시냅스의 연결망이 만들어지면서 두뇌의 무게도 폭발적으로 증가한다.

아기는 자신에게 필요로 하는 것을 오직 울거나 칭얼거리는 행동으로만 표현할 수 있다. 겉으로만 볼 때 아기는 아무것도 할 수 없고, 아무것도 학습할 수 없으며, 아무것도 기억할 수 없는 것처럼 보인다. 그러나 이것은 어른들의 착각이다. 아기는 듣고, 느끼고, 받아들인다. 그리고 그 경험을 고스란히 시냅스로 만든다. 눈으로 보이지는 않지만, 아이의 두뇌는 아무도 모르게 쑥쑥 성장하고 있어야 한다.

1~3 세: 두뇌발달에서 가장 중요한 결정적 시기

생후 3세까지의 아이는 신체, 인지, 정서 등의 두뇌 발달의 결정적 시기를 맞는다. 이 시기에는 각 영역과 관련해서 어떤 정보를 제공해도 스펀지처럼 잘 흡수한다. 문제는 정보가 바람직하고 유익한 정보이건 유해하고 무익한 정보이건 상관없이 흡수한다는 점이다.

그릇에 담긴 물이 어떤 물인가와 상관없이 스펀지가 빨아들이는 속도는 같다. 깨끗한 물은 잘 빨아들이고 더러운 물은 잘 빨아들이지 않는다는 말은 들어 본 적이 없다. 스펀지는 어떤 물이든 그대로 흡수해 버린다.

결정적 시기의 두뇌도 마찬가지다. 정보가 유익한 정보이건, 해로운 정보이건 상관없이 빠르게 받아들인다. 그리고 한 번 흡수한 정보는 잘 잊어버리지도 않는다. 영유아기의 두뇌는 정보를 흡수하느라 바쁘지만, 아직 그 정보들을 걸러내고 판단할 수 있을 만한 기능은 형성되어 있지 않다. 그래서 영유아기에는 해로운 정보를 흡수하지 않도록 주의해야 한다.

결정적 시기에는 해로운 정보를 피해야 한다.

두뇌 발달의 결정적 시기인 생후 3세까지는 해로운 정보, 즉 두뇌에 해가 되는 자극들을 피해야 한다. 예를 들면 폭력적인 영상물, 자극적인 내용을 담고 있는 TV 프로그램, 과도한 언어학습, 간접흡연, 알코올 등이 영유아기의 아이들이 피해야 할 해로운 자극이다. 이러한 자극들은 직접적으로 뇌세포를 파괴하기도 하지만, 결정적 시기를 맞고 있는 두뇌가 이런 정보들을 스펀지처럼 흡수해서 각인하기도 한다.

소아정신과에 내원하는 자폐증 유아들에게서 보이는 가장 큰 공통점은 영상물을 과도하게 시청했다는 사실이다. 이는 정부 주도로 시행되었던 우리나라의 유아 발달에 관한 연구 결과에서 나타난 내용들이다. 이제 막 걸음마를 떼고 뒤뚱뒤뚱 걸어 다니는 아이들은 다양한 세상을 경험하면서 두뇌가 급진적으로 발달하게 된다. 그런데 직접 체험이 아닌 텔레비전이나 전자 매체들의 영상물에 많이 노출되면 그 자극들이 고스란히 아이의 두뇌에 흡수되면서 여러 가지 문제가 발생하기도 한다.

더욱 심각한 것은 두뇌에 각인된 해로운 자극은 시간이 갈수록 더 강한 자극을 원하게 된다는 사실이다. 상황이 이렇게 되면 파괴적인 악순환이 계속될 수밖에 없다. 이러한 물리적인 자극 외에도 부모의 사랑 결핍, 학대, 방치, 방임 등과 같은 정서적 문제들도 두뇌의 발달에 안 좋은 영향을 미친다. 긍정적이고 따뜻한 자극의 경험이 아닌 불안, 두려움 등의 부정적 경험은 두뇌의 발달을 저해하고 이후의 삶을 어둡게 하는 결과를 초래할 수 있다.

동전의 앞, 뒷면처럼 두뇌 발달의 결정적 시기라는 메커니즘의 뒷면에는 민감하고 치명적인 시기라는 메커니즘이 숨겨져 있다. 결정적 시기에 있는 두뇌가 무엇이든 흡수할 수 있다는 말이 얼마나 무서운 말인지를 꼭 기억해야 한다.

이와 같이 영유아기의 두뇌 발달은 환경의 영향을 크게 받는다. 영유아 스스로 두뇌 발달에 도움이 되는 자극을 찾아다닐 수는 없으므로 부모가 환경을 제대로 조성해 주어야 한다. 이에 따라 아이 두뇌 발달의 내용이 달라질 수 있다.

환경의 영향을 받는다고 해서 거창한 무엇이 필요한 것이 아니다. 부모를 포함한 가까운 사람과의 상호 작용만 잘 이루어져도 아이의 두뇌는 건강하게 발달할 수 있다. 자율신경 세포를 통해 영유아들은 생후 8-9개월부터 사회성을 습득한다. 이때 오감을 통한 다양한 자극이 있어야 두뇌 발달이 촉진되고 사회 구성원이 갖추어야 할 건강한 사회성과 인지, 정서 발달이 이루어진다.

4~6 세: 두뇌의 모든 영역이 전체적으로 발달하는 시기

대뇌피질은 인간 두뇌의 가장 바깥쪽에 자리 잡고 있는데, 그 중 전두엽은 다른 대뇌피질을 이끄는 중심적인 역할을 한다. 다시 말하면 전두엽이 사람다운 생각과 활동을 할 수 있도록 모든 기능을 담당하고 다른 대뇌피질들을 진두지휘한다. 기억을 하게 하고, 상황에 맞는 언어 표현을 하게 하고, 다른 사람들의 눈치를 살피게 하고, 중요한 의사결정을 제대로 하도록 도와주는 곳이 바로 전두엽이다.

이와 같이 기억 기능, 언어 표현, 정서 관리 등을 주관하는 전두엽의 발달은 매우 어린 시기, 즉 유아기 때부터 시작된다. 짜증이 나거나 속이 상할 때 자신의 감정을 조절하려는 노력과 다른 사람의 감정과 기분을 이해하고 어떻게 표현하는 것이 적절한지 판단하는 능력 등이 이미 유아기의 전두엽에서 형성된다.

사회 우등생의 싹은 4세 때부터 보인다.

"학교의 우등생이 사회의 우등생은 아니다. 그렇다면 사회 우등생을 만드는 것은 무엇이며, 사회 우등생이 갖추고 있는 능력은 과연 무엇일까?" 이 질문에 대한 답을 많은 사람들이 궁금해한다. 사회 우등생의 싹은 유아기 때부터 보인다. 사회 우등

완벽한 부모가 아니어도 충분해요

생들은 자신의 감정을 잘 관리하고 조절하면서 다른 사람들을 이해하고 공감하는 능력을 갖추고 있다. 그러나 이러한 능력은 하루아침에 생기는 것이 아니며, 4세 때부터 시작되는 유아기 두뇌 발달의 특성과 밀접한 관련이 있다. 자신을 다스리고 다른 사람들과 더불어 살아가는 데 필요한 사회성은 유아기 때부터 길러지는 것이다.

우리 아이 사회 우등생으로 키우기

두뇌를 관찰할 수 있게 되면서 사회성과 인성을 담당하는 곳이 전두엽이라는 사실을 알게 되었다. 전두엽의 발달이 유아기 때부터 시작된다는 사실도 속속 밝혀지고 있다.

그렇다면 자녀에게 좋은 인성과 정서 조절 능력을 키워주려면 어떻게 해야 할까? 가장 좋은 방법은 어릴 때부터 인성과 정서 조절을 담당하는 전두엽의 신경세포 망이 활발하게 형성되도록 해주는 것이다. 전두엽 피질이 많이 생기게 되고 복잡한 뇌세포들의 연결망이 만들어지도록 하려면 반복적인 연습을 시켜야 한다. 뇌세포와 뇌세포 간의 연결망은 한 번 연습했다고 만들어지는 것이 아니다. 최소한 3개월에서 6개월 정도는 반복해야 연결망이 확실하게 만들어지고 능력이 생긴다. 따라서 좋은 인성과 사회성을 갖도록 하기 위해서는 전두엽이 잘 발달할 수 있도록 반복적으로 연습을 시켜야 한다.

아이가 부정적인 감정을 느끼거나 짜증이 날 때 주변 사람들에게 바람직하지 않은 방법으로 행동을 하면 분명하게 제지를 해야 한다. 이런 제지를 통해 전두엽 피질은 화를 내거나 짜증을 내는 행동이 안 좋은 것이라는 기억을 하게 되고 더 나아가 정서를 조절하고 관리하는 피질이 발달하게 된다. 만약 부모가 "철들면 알아서 하겠지." 하고 내버려둔다면 아이는 감정 조절 능력을 키울 기회를 잃어버리게 되는 것이다.

자녀가 감정을 제대로 조절하는 능력을 갖추게 하는 데는 무엇보다 부모의 역할이 크다. 부모의 감정 조절과 자녀의 감정 조절의 관련성이 높기 때문이다. 많은 연구를 통해 부모의 감정 조절 능력과 자녀의 감정 조절 능력은 거의 일치하는 것으로 나타났다. 부모가 화가 날 때 뭔가를 부수거나 공격적이고 폭력적인 행동을 보인다면 자녀들도 비슷한 행동을 보인다는 것이다.

그러나 화가 났을 때 긍정적인 생각을 하기 위해 노래를 부르거나 명상을 하는 등 감정을 조절하기 위해 노력하는 부모를 보고 자란 자녀는 부모와 비슷한 행동을 한다. 부모의 감정 조절 행동을 그대로 보며 자라온 자녀의 전두엽 신경세포 망이 부모처럼 형성되었기 때문이다.

제10장

부모의
관심과 애정이
기본이다

소아과 의사며 심리치료사인 르네 스피츠(Rene A. Spitz)는 신생아가 오랫동안 사람 손길을 느끼지 못하면 결국은 회복 불가능할 정도로 쇠약해지고 더 나아가서 합병증으로 죽을 수도 있다는 사실을 밝혀냈다. 이것은 스피츠가 정서적 박탈이라고 부른 상태가 치명적 결과를 낳을 수도 있음을 뜻한다. 스피츠는 이러한 관찰을 토대로 자극 욕구의 중요성을 대중들에게 널리 알리게 된다. 그리고 자녀가 근원적으로 원하는 자극 형태는 부모와의 신체적 접촉에서 오는 자극이라는 결론을 이끌어냈다.

호주에서부터 시작된 캥거루 케어1)라는 출산 직후 신생아

---

1) 캥거루 케어는 엄마나 아빠가 신생아를 가슴에 안아 피부가 직접 맞닿도록 하는 방법이다. 아이에게 정서적 안정과 발달에 도움을 줄 수 있어 요즘 젊은 부모들 사이에 다시 유행하고 있다.

완벽한 부모가 아니어도 충분해요

와의 접촉을 중요시하는 양육 방식도 바로 여기에서 비롯되었다. 긍정적이고 자주적인 아이로 키우기 위해서는 아이의 정서적 안정이 무엇보다도 필요하다. 아이의 정서적 안정을 위해서는 부모와 아이의 정서적 상호 작용이 중요하다. 이에 가장 중요한 것은 동서양을 막론하고 껴안고 사랑한다고 말하기이다.

이 문제와 관련해서 정신의학자들은 정신발달에서 유아가 엄마와 분리된 다음에 어떤 일이 벌어지는지에 관심을 쏟는다. 엄마와 강한 친밀감으로 연결되었던 시기가 끝나고 나면, 인간은 남은 평생 끊임없이 자신의 운명과 생존을 뒤흔드는 딜레마에 맞서야 한다. 유아는 계속 사랑 받고 싶다는 멈추지 않는 갈망과 그것을 방해하는 사회적, 심리적, 신체적 변화 사이에서 어찌할 바를 모르고 갈등한다.

여기서 대부분의 아이는 주어진 조건과 타협한다. 그래서 미묘하고 때로는 상징적인 어루만짐만으로도 만족하는 법을 배우고, 결국에는 신체적 접촉을 바라는 원초적 갈망이 채워지지 않았더라도, 인정의 뜻으로 머리만 끄덕여줘도 어느 정도 충족감을 느끼게 된다.

이 타협의 과정은 이를테면 유아의 자극욕구가 부분적으로 변형되어, 인정욕구라고 할 수 있는 무언가로 변한다는 것을 의미한다. 타협하는 것이 복잡해질수록 사람은 인정받으려고 점점 더 개별화된다. 어루만짐은 친밀한 신체 접촉을 뜻하는 일반 용어에서 시작되었다. 그러나 지금은 그 의미가 확장되어서, 다른 사람의 존재를 인정한다는 의미가 내포된 행동이라면 그 어떤 것도 지칭하는 말로 사용할 수 있다.

교류분석 심리학에서는 인간은 사랑하고, 배우고, 성장하고, 긍정적인 방식으로 자신의 창의적인 생각을 표현해 낼 수 있는 능력을 갖고 태어났다고 한다. 그래서 부모는 자신이 얼마나 아이를 사랑하고 아이가 행복하길 바라는지 날마다 표현해야 한다. 아이가 어떤 상황에서든 용기 있게 올바른 길을 선택하는 것은 부모가 표현하는 관심과 애정에 달려 있기 때문이다. 그러나 여러분은 아이의 자립심을 키워주기 위한 노력도 소홀히 해서는 안 된다. 물론 보살핌과 자립심, 이 두 가지를 병행하기란 결코 쉬운 일이 아니다.

하지만 부모에게 맡겨진 역할을 잘 수행하고 나면 아이뿐만 아니라 부모도 성장한다. 이 책을 읽으면서 예전에, 자녀에 대해 품었던 기대와 생각을 하나하나 되돌아보고 또 긍정적으로 바꾸어 보자. 조금이라도 잘못됐다고 생각되는 부분이 있다면 바람직한 방향으로 개선하면 될 것이다. 물론 그러기 위해서는 인내심이 필요하다. 그리고 이런 문제는 한 편으로 지금까지 부모 역할을 잘해온 여러분에게 새로운 도전이 될 것이다. 지금까지

완벽한 부모가 아니어도 충분해요

아이에게 따뜻한 안식처와 안정된 생활을 제공하는 데 힘을 썼는가? 그렇다면 이번 도전은 아이에게 세상에서 우뚝 설 수 있다는 자신감과 자립심을 불어넣어 주는 계기가 될 것이다.

아이가 진정 바라는 것이 무엇인지 파악하는 데 관심을 기울이고 적절한 방법을 찾아 이를 해결해 주자. 여기에는 아이의 생각을 진지하게 받아들이려는 자세가 가장 중요하다. 아이는 부모의 친밀감, 따스함, 이해심을 느낄 때 가정에서 안정을 찾게 되고 보호받고 있다고 믿기 때문이다. 이런 환경에서 자란 아이는 자기 자신과 타인을 신뢰하는 법을 터득하게 된다. 어렸을 때부터 관심과 애정을 받아본 사람이 훗날 더 큰 관심과 애정을 베풀 수 있다.

자녀 삶의 기초를 만드는 부모의 관심과 애정

교류분석 심리학에서는 어떤 사람이 자신과 다른 사람, 세상에 대하여 어떻게 느끼고 어떻게 받아들이고 있는가를 그 사람의 기본적 인생 태도라고 한다. 교류분석의 창시자인 에릭 번에 따르면 인간은 본래 무한한 긍정(OK)의 존재이나 어린 시절에 어떤 경험을 했느냐에 따라 자신과 타인, 그리고 세상에 대한 어떤 신념이 형성된다고 한다. 이러한 신념들은 평생 그 사람을 따라다니며 영향을 끼친다. 이것을 인생 태도라고 부르고, 긍정(OK)과 부정(Not OK)으로 구분한다. 그것을 다시 자기와 타인에 대해 상호 교차적으로 조합하여 네 가지 형태로 분류한다.

인생 태도에서 말하는 긍정(OK)은 일반적으로 우리가 쓰는 긍정의 개념보다 그 의미가 넓다. 좋다, 살아갈 가치가 있다, 자유롭게 행동할 수 있다, 좋은 사람이다, 사랑받고 있다, 할 수 있다, 잘될 것이다, 즐겁다, 유쾌하다, 유익하다, 안심이 된다는 등 좋은 감정을 느끼는 모든 것을 의미한다. 이와 반대로 부정(Not OK)은 나쁘다, 살아갈 가치가 없다, 나쁜 사람이다. 사랑받을 가치가 없다, 할 수 없다, 실패한다, 뭘 해도 안 된다, 쓸모가 없다, 어리석다, 열등하다, 불쾌하다, 도움이 안 된다, 안심할 수 없다는 등 나쁜 감정을 느끼는 것을 의미한다. 이를 기반으로 자기와 타인에 대한 긍정, 부정 정도에 따라 인생 태도를 네 가지로 분류할 수 있다.

첫 번째는 자기긍정·타인긍정의 제1의 태도로, 상대에게 상처를 주지 않고 서로 협력하여 문제를 해결하고 소통하는 유형이며, 두 번째는 자기부정·타인긍정의 제2의 태도로, 상대를 긍정적으로 보며 상처 주지 않지만, 자신감이 없고 움츠러드는 소극적인 유형이다. 세 번째 자기긍정·타인부정의 제3의 태도는

완벽한 부모가 아니어도 충분해요

상대를 인정하지 않고 무시하는 언행을 하며 자신이 옳다고 생각하는 이기적인 유형이며, 네 번째 자기부정·타인부정의 제4의 태도는 자신을 쓸모없는 인간으로 여기고 인생을 허무하고 비관적으로 결론 내리고 회피하거나 자포자기하는 유형이다.

〈표 1〉 네 가지 유형의 인생태도

I'm OK, You're OK	제1의 태도 자기긍정 · 타인긍정
I'm Not OK, You're OK	제2의 태도 자기부정 · 타인긍정
I'm OK, You're Not OK	제3의 태도 자기긍정 · 타인부정
I'm Not OK, You're Not OK	제4의 태도 자기부정 · 타인부정

제1의 태도 (I'm OK – You're OK = 자타긍정)

유아기에 부모 등의 양육자로부터, 따뜻한 관심과 애정을 받고 자라면, 아직 말을 배우지 못할 때부터 자신과 부모와의 사이에 싹튼 OK 감정은 오래 기억에 남게 된다. 시간이 지나면서 더욱 강화되어 나도 OK, 당신도 OK라고 하는 바람직한 인생 태도가 형성된다. 교류 분석에서는 '사람은 본래 누구라도, 왕자, 왕녀로서 이 세상에 태어난 것'이라고 하는, 성선설의 입장을 취하고 있다. 그것을 인생태도로 말하자면 제1의 태도인 나도 OK-너도 OK이다. 대부분의 아이는 부모의 따뜻한 관심 속에서 심신이 모두 건강하게 자라서, 제1의 태도인 '나도 OK? 너도 OK' 라는 인생태도를 몸에 익히게 된다.

〈그림 12〉 아이의 OK 태도는 부모의 사랑에서

제2의 태도 (I'm Not OK − You're OK = 자기부정, 타인긍정)

제2의 태도는 나는 OK가 아니지만, 너는 OK라고 하는 인생태도이다. 태어난 지 1년 미만인 어린아이는 부모의 관심과

완벽한 부모가 아니어도 충분해요

애정 없이는 자랄 수 없다. 이러한 관심과 애정에 익숙해진 유아는 부모의 상태와 기분에 따라서 평소 자기의 기대, 즉 울면 젖을 주거나 기저귀를 채워주는 기대에 부모가 반응하지 않을 때도 있다는 경험을 하게 된다. 이러한 OK가 아닌 경험에서 생긴 감정은 어느새 아이의 마음속에 쌓이게 되고, 마침내는 '자기에 대한 OK가 아니다'라는 인생태도를 형성한다. 반면에 부모는 자유롭게 자기 생각대로 행동할 수 있는 절대적 존재라고 느낀 결과, '나는 OK가 아니지만, 타인은 OK이다'라는 제2의 인생태도를 몸에 익히게 된다.

제3의 태도 (I'm OK - You're Not OK = 자기긍정, 타인부정)

처음에는 확실히 OK라고 느낄 수 있었던 부모로부터 때때로 부정적 접촉을 받는 일이 일어나게 되고, 이런 일을 오랜 기간에 걸쳐 경험하면, 어린아이는 다른 것에는 의지할 수 없고, 자신을 위로하고, 문제를 해결하는 것은 자기밖에 할 수 없다고 생각하게 된다. 즉, '자기만이 OK, 그 외에는 OK가 아니다'라는 제3의 태도를 형성하게 된다. 이러한 태도를 보이는 사람은 자칫하면 자기방어적으로 되고, 자기는 항상 옳고, 잘못된 것은 언제나 상대편이라고 느끼는 행동으로 일관하게 된다. 만일 자기에게 잘못이 있다고 해도, 그것을 바르게 보려고 하지 않고, 상대에 잘못이 있는 것이라고 몰아붙여 다른 사람을 비난하려고 한다.

제4의 태도 (I'm Not OK - You're Not OK = 자타부정)

부모에 의한 육아 기간이 끝날 무렵, 어린아이는 혼자서 걸을 수 있게 되고, 안아주거나 어루만져주는 일도 점차 없어질 뿐만 아니라 여기저기 걸어 다니기 때문에 넘어지거나 떨어질지도 모르는 위험에 빠질 때도 있다. 그뿐 아니라 타고난 호기심에 위험한 장소에 가까이 가려고 하거나 위험한 것을 손에 넣으려고 하면, 양육자로부터 야단을 맞기도 한다. 이처럼 태어나서 1년이란 기간은 아주 모순된 인생을 체험하는 시기로, 그 정도가 강하면 강할수록, 또 그 차이가 크면 클수록 자기는 무능하고 주위 사람들도 위험한 존재라는 것을 깨닫고, 버림받았다고 하는 감정에 빠지게 된다. 그리고 마침내 '나도 OK가 아니고, 타인도 OK 아니다'라고 하는 제4의 인생태도를 갖게 된다.

대부분의 사람은 긍정적인 태도가 강하게 형성되어 기쁘고 즐겁게 살아간다. 어린 시절 부모로부터 내리쬐는 햇볕과 같은 넘치는 관심과 애정을 가득 받고 자랐기 때문이다. 그 결과 대개 제1의 태도를 기본적 인생태도로 하고, 제2나 제3의 태도 중에서 어느 하나의 태도로 그때그때 상황에 따라 움직이게 된다. 자녀의 인생태도가 어떠한지를 관찰하면 그 아이의 삶의 기초가 어떠한지를 알 수 있다. 또 그 인생태도가 유아기의 특정 상황에서 아이 자신이 결심한 것이기 때문에, 만일 바람직하지 않다고 생각되면 이제라도 그 부정적인 인생태도에서 벗어날 수 있도록 해야 한다. 부모가 풍성한 관심과 따뜻한 애정으로 아이가 밝은 인생, 서로 신뢰할 수 있는 인간관계를 만들어내는 제1의 태도, '나는 OK, 다른 사람도 OK' 태도로 살아갈 수 있도록 도와 주어야 한다. 이와 같이 부모의 관심과 애정이 아이의 삶의 기초를 만드는 것이다. 그렇다면 우리 자녀를 어떻게 육아하고 교육해야 할까요?

관심과 애정을 쏟아 아이에게 신뢰를 얻어라

아이는 항상 주변 사람들의 애정 어린 관심과 따뜻한 사랑을 바란다. 아이가 어릴수록 부모는 아이에게 무엇이 필요한지 혹시 불편한 것은 없는지 시시때때로 확인하고 챙겨주느라 여념이 없다. 그러나 엄마, 아빠의 관심과 노력은 단순히 아이를 배불리 먹이고, 깨끗이 씻기고, 좋은 옷을 입히는 데 그쳐서는 안 된다. 무엇보다도 아이가 신체적으로도, 심리적으로도 건강하게 자랄 수 있도록 최선을 다해야 한다. 그렇게 하자면 어떤 노력을 기울여야 하는지 몇 가지 예를 살펴보자.

아이 곁에 있어주기

아이와 함께 놀아주면서 즐거운 기억을 만드는 것은 아이에게 매우 중요한 일이다. 예를 들면 아이를 푸른 들판에 데리고 나가 엄마는 직접 꽃잎을 세어 보라며 꽃을 보여주고, 아빠는 하늘에 뭉게뭉게 피어 있는 구름을 가리키며 구름이 어떻게 만들어지는지 이야기해 준다. 어린 시절, 아빠와 함께 분주하게 움직이는 개미들로 바글거리는 개미탑을 발견했을 때를 생각해보라. 얼마나 즐거웠던가! 아이에게는 부모와 함께한 이런 작은 경험 하나하나가 훗날 소중한 추억이 될 것이다.

아이 보호하기

아이가 자랄수록 부모는 아이의 안전 문제에 부쩍 신경을 쓰게 된다. 아빠와 엄마는 세상의 모든 위험으로부터 아이를 보호하기 위해 아주 작은 것에까지 신경을 쓰며 최선을 다한다. 예를 들어 아이가 장난스럽게 한 발로 계단을 뛰어오르려 하면 넘어지지 않게 꼭 붙잡아주고, 자동 차가 씽씽 달리는 도로에서는 어떻게 행동해야 하는지 알려 준다.

갓난아기의 의사표현

"응애!" 하고 울음을 터트리며 세상에 태어난 아기에게는 한동안 부모의 손길이 절대적으로 필요하다. 아기는 울음으로 의사를 표현하는데, 특히 배가 고플 때는 유난히 큰 소리로 운다. 그런데 때때로 그 허기는 엄마, 아빠에게 따뜻한 애정과 유대감을 기대하는 마음에서 비롯되기도 한다. 갓난아기는 자신이 바라는 것을 얻으려고 큰 머리와 동그란 얼굴, 앙증맞은 몸짓을 최대한 활용한다. 자기가 할 수 있는 모든 수단을 동원하여 어른들의 관심을 끌고는 그 깜직한 모습에 깜박 넘어간 사람들이 자신을 귀여워하고 번쩍 들어 품에 안거나 요람을 흔들며 놀아주는 것을 보며 즐거워한다. 부모의 애정이 클수록 아기는 행복해하고 부모의 따뜻함과 친밀감을 그대로 피부로 느낀다. 이처럼 아이가 무럭무럭 건강하게 자라는 데 있어 부모의 애정과 관심은 절대적인 조건이다.

안정된 환경에서 성장하는 자립심

시간이 흘러 성장하면 할수록 아이는 전보다 더 많은 관심과 애정을 바라게 된다. 그런데 아이는 이때부터 갓난아기 때와는 달리 속마음을 솔직하게 내비치지 않고 오히려 부모와 거리를 두려 한다. 다시 말해 지금까지 자신을 보호하고 따뜻하게 감싸주던 손길을 밀어내고 자기의 두 다리로 세상에 우뚝 서고 싶어 하는 것이다. 또한 호기심이 왕성해져서 허락된 환경을 뛰어넘어 좀 더 넓은 세상을 탐험하고 싶어 하며 새로운 세계에 눈을 뜨게 된다. 우리 어른들 말로 하자면 '집 밖은 어떤 세상일까?' '식탁 위는 어떻게 생겼을까?' '저 강아지는 무얼까?' '내가 강아지를 잡을 수 있을까?' 아이는 끝없는 호기심으로 이렇게 조금씩 자신의 행동반경을 넓혀가며 하나하나 새로운 경험을 쌓아간다.

이때 여러분은 혹시 이제 뭐든 혼자서 해결하고 싶어 하는 아이의 마음을 알면서도 여전히 애정과 걱정으로 전전긍긍하며 아이의 뒤를 졸졸 따라다니고 있는 것은 아닌가? 그러나 아이의 그런 모습은 지극히 정상적인 행동이므로 조바심을 내거나 불안해할 필요는 없다.

부모로부터 자립하려는 용감한 시도는 아이가 충분히 준비되었을 때 비로소 빛을 발한다. 인생이라는 험난한 여정에서 주변의 도움 없이 자기 힘으로 설 수 있을 때 말이다. 이렇게 아이의 홀로서기는 적절한 시점에 이뤄져야 한다. 하지만 그에 앞서

완벽한 부모가 아니어도 충분해요

아이가 역경에 부딪혀 넘어지더라도 의지할 가족이 있다는 사실을 깨닫게 해주어야 한다. 물론 이는 안정적이고 신뢰가 넘치는 가정 환경에서 자랐을 때 가능한 일이다.

모든 아이는 부모에게 끊임없는 사랑과 관심과 믿음을 바라고, 부모라는 존재가 행복한 미래를 찾아 떠나는 여행의 쉼터이자 곤경으로부터 자신을 보호해 주는 안식처가 되어 주기를 기대한다. 그리고 자신의 재능을 발견하고 애정 어린 마음으로 지원해 주며 뒤에서 묵묵히 응원하는 가족을 원한다. 이때 각별히 주의해야 할 점은 지나친 애정과 관심으로 인해 버릇없는 아이로 키우는 일이 없도록 해야 한다는 것이다.

아이에게 애정을 얼마나 표현해야 할까?

참 어려운 일이지만 아이 스스로 마음을 움직일 수 있도록 부모는 어느 정도 거리를 두는 것도 필요하다. 아이가 편안한 생활을 할 수 있도록 많은 것을 제공해 주는 한편, 그런 행동이 오히려 의존심을 키우는 것은 아닌지 항상 경계해야 한다. 뒷바라지를 하는 동시에 자립심을 키워주어야 한다. 자녀를 보호하는 것은 당연하지만 과잉보호는 금물이다. 그 사이에서 적절하게 균형을 잡아야 한다.

무엇보다 아이가 부모의 사랑을 느낄 수 있도록 하는 것이 중요하다. 지금 느끼는 감정을 아이에게 그대로 전하자. 피부로 느껴지는 온기, 포근히 감싸안아 주는 팔, 익숙한 체취, 자상한 목소리 등등 아이는 엄마 아빠 품 안에서 신뢰감과 안정감을 느낀다. 아이는 항상 편안하고 아늑하기를 원한다. "나는 참 행복한 어린 시절을 보냈어. 부모님은 나를 항상 지지해 주었고, 나는 부모님의 자랑거리였지. 나를 진심으로 아끼고 사랑하시는 걸 느낄 수 있었어." 부모의 사랑이 진심이라면 아이는 그것을 느끼고, 보고, 듣고 싶어 한다. 아무리 바쁘더라도 아이에게 애정과 관심을 표현할 시간을 내도록 하라. 아이의 고민거리나 생각, 좋아하는 것을 함께 공유하는 시간이 꼭 필요하다.

아이의 행동과 생각, 놀이나 근황에 관심을 보이고 아이의 친구나 아이가 최근 경험한 새로운 것에 대해 자주 물어보라. 다만, 아이가 먼저 말하기 전에 캐묻지는 말자. 즐겁게 이야기하려는 마음이 사라지게 된다. 아이와 다양한 주제로 이야기를 나눠라. 아이 어깨가 축 늘어져 기운이 없어 보이면 부드러운 목소리로 이유를 물어보라.

짧게라도 시간을 내어 공원을 산책하거나 동물원 구경을 가는 등 아이와 함께 여가 시간을 보내라. 그리고 아이와 함께하

완벽한 부모가 아니어도 충분해요

는 그 시간이 즐겁다는 것을 아낌없이 표현하라. 평상시 아이에게 다소 소홀했다면 주말이나 휴가 기간을 적극적으로 활용하는 것도 좋은 방법이다.

한눈에 봐도 행복한 가정 분위기가 물씬 풍기는 특별한 활동을 해보자. 특별 활동이라고 해서 어떤 거창한 것이 필요한 것은 아니다. 책 읽기나 만들기 놀이, 아침식사 등 아이와 함께 할 수 있는 활동이나 습관이면 충분하다. 단지 그렇게 하는 것만으로도 아이의 좋은 습관을 형성하고 그 안에서 안정을 찾는다.

아무리 일상이 긴장의 연속이고 눈코 뜰 새 없이 바쁘게 흘러간다고 해도 굳은 의지로 일과 육아 사이에서 균형을 잡아야 한다. 아이와 함께 놀기, 깔깔대고 웃기, 뒹굴기 등 유쾌한 일상을 즐겨라. 아이가 해맑고 바르게 성장하는 데에는 무엇보다 부모의 지속적인 관심이 중요하다.

아이에게 소속감을 부여하라. 가족은 서로 이해하고 배려해야 한다는 것과 공동생활이 무엇인지 차근차근 설명해 주자. 그런 후에 집안일이나 장보기처럼 가족이 함께 할 수 있는 일에 참여하게 하는 것도 좋은 방법이다.

'내 아이를 사랑해.'라는 말은 '내 아이가 어떤 모습이든지 아이의 장점은 물론 단점까지도 있는 그대로 다 인정해.'라는 뜻이다. 물론 말처럼 쉽지만은 않은 일이다. 더구나 '완벽한 우리

〈그림 13〉 일상생활에서 애정 표현하기

아이'에 대한 환상이 있다면 더욱 어렵다. 항상 자신을 돌이켜 보자. 난 내 아이를 있는 그대로 받아들이고 있는가?

어리광을 부리던 아이가 독립적인 인격체로 성장하는 과정에 아낌없는 지지를 보내라. 아이가 한발 한발 전진을 보일 때마다 반응을 보여주고 용기를 불어넣어 주어야 한다. "두려워하지 말고 어서 시작해. 그리고 어떤 결과가 나올지 지켜보렴. 넌 잘해낼 거야. 무슨 일을 하든지 자기 자신이 책임을 져야 한단다. 인생이란 결국 스스로 결정해야만 하지. 넌 잘할 수 있어."

아이가 집에 친구를 초대해 같이 놀고 싶어 하면 기쁘게 허락하라. 또 가끔은 아이 혼자서 이웃에 있는 친구네 집에 놀러

완벽한 부모가 아니어도 충분해요

간다고 할 때 걱정이 되더라도 아이를 믿어주는 용기가 필요하다. 그리고 아이가 초롱초롱한 두 눈을 반짝이며 밖에서 있었던 일을 신나게 이야기할 때, 아이의 말을 귀 기울여 들어주자. 아이의 말에 관심을 보이고 맞장구를 쳐주며 가끔 궁금한 점을 물어보는 방식의 대화는 아이와 좋은 관계를 형성하는 첫걸음이다. 또한 어떤 어려움이 생기더라도 항상 아이의 뒤에는 든든한 가족이 있다는 것을 확신하게 하라. 아이는 가족이란 울타리 안에서 자신감을 얻고 모든 일에 용감하게 도전할 힘을 얻는다. 좋은 부모는 사랑이라는 명목으로 아이를 꽁꽁 감싸안아서는 안 된다. 아이가 자유롭게 성장하도록 넓은 공간에 풀어주자.

바쁜 일상에서도 애정과 관심 보여주기

아무리 세상 물정 모르는 아이지만, 바쁘게 돌아가는 일상에서는 주말이나 휴가 기간과 달리 부모가 자신에게 좀 더 신경을 써주지 못한다는 사실을 알고 있다. 그러나 중요한 것은 어떤 상황이든 상관없이 아이는 항상 부모의 사랑과 믿음이 있어야 한다는 점이다.

사랑을 아낌없이 표현하며 엄마 아빠가 항상 아이가 행복하기를 바란다는 것을 느끼게 해주는 부모는 아이의 기쁨의 원천이 되기 마련이다. 무엇보다 항상 가정에 아늑한 분위기를 조성하는 데 노력하라. 사랑과 유머가 넘치는 유쾌하고 지혜로운 부모가 되어라. 그럴수록 아이는 소란도 덜 피우고 짜증을 내는 것도 덜하게 된다. 지혜로운 부모는 늘 흥미진진하고 다양한 방법으로 아이에게 특별한 시간을 선사한다.

힘들고 짜증이 나는 일이 생길 때면 아이를 키우면서 얻는 인생의 즐거움을 떠올리며 마음을 가라앉히자. 부정적인 생각은 스트레스와 짜증을 일으킬 뿐이다. 항상 상황을 긍정적으로 바라보자. 아이의 장점, 아이가 있어서 행복한 이유를 떠올리며 마음의 안정을 찾아보는 것이다. 부모의 긍정적인 태도는 아이의 행동에 긍정적인 영향을 미친다.

아이에게서 배우자

자녀 지도란 일방통행이 아니다. 부모가 아이에게 자신의 경험과 생각을 전달하는 데에서 그치지 않고 아이의 눈에서 세상을 바라보는 방법을 배우기도 하고 아이들만의 특별한 능력에서 새로운 것을 얻기도 한다. 어린아이들은 기분이 좋을 때 즉흥적이고 직설적이며 개방적이다. 마치 귀엽지만 까다로운, 작은 새끼 곰처럼 장난기가 가득하며 느긋하다. 그리고 종종 엄마 품에 달려들어 몸을 비비며 머리부터 발끝까지 온몸으로 이야기한다. "엄마 품에 있으니까 행복해요." 걱정 근심이라고는 조금

완벽한 부모가 아니어도 충분해요

도 없는 이 순간, 그 즐거움을 만끽하라.

이렇게 행복한 순간이 지나고 아이가 조금 더 자라면, 갑자기 엉덩이에 뿔 난 망아지처럼 소란스럽고 거칠어진다. 막 초등학교에 들어가기 전 나이대의 아이들은 온통 노는 데만 관심을 쏟는다. 높은 데서 뛰어내리고 서로 잡고 잡히며 이리저리 달리고 힘을 겨루고 싶어 한다. 이럴 때는 아이와 함께 장난치고 뛰어놀며 애정을 충분히 표현해 보자. 분주하게 움직이고 해맑게 웃는 것은 아이의 몸과 마음을 밝게 해주고 아이에게 긍정적인 영향을 미친다. 게다가 실컷 놀면서 운동도 되니 일석이조이다.

무엇보다 아이에게 중요한 것은 바로 '지금 이 순간'이다. 아이와 함께 지금 이 순간을 즐기며 인생의 참된 기쁨이 무엇인지 배워보자. 이처럼 아이와 신나게 놀다 보면 마음은 어느새 따뜻하고 행복한 즐거움으로 가득 찬다. 아이는 정말 하늘이 내려준 값진 선물이다. 생기발랄하고 사랑스러운 아이의 모습을 보며 부모는 힘을 얻는다. 자식은 모든 근심을 잊게 하는 즐거움이다.

애정이 우러나오는 올바른 육아

눈코 뜰 새 없이 바쁘고 수시로 변하며 때때로 뒤죽박죽인 세상에서 애정과 관심이란 것은 어느 한구석에 처박히기 쉽다. 그럴 때 할 수 있는 변명은 하나다. "시간이 없다." 많은 사람들이 시간이 없으므로 상대방에게 관심과 온정을 쏟지 못하고 무관심하다고들 말한다. 물론 어려운 상황 속에서도 의식적으로 대안을 찾고자 노력하는 사람들도 있다. 하지만 아쉽게도 항상 적절한 방법을 선택할 수 있는 것은 아니다.

대부분의 부모는 회사 일이나 일상의 문제를 해결하는 것만으로도 벅차다. 그래서 실제로 아이에게 충분한 애정과 관심을 쏟지 못한다. 설령 그렇지 않다고 하더라도, 이번에는 정반대로 혹시 자신의 지나친 관심 때문에 아이의 버릇을 잘못 들이고 있는 것은 아닌지 걱정한다. 부모의 지나친 관심은 결국 아이에게서 자기 자신에 대한 확신, 스스로 체험해 봐야 할 경험과 결과물, 그리고 용기와 자신감을 빼앗기 때문이다. 반대로 부모의 관심이 부족하다고 느끼는 아이는 과도하게 공격적이거나 지나치게 위축된다. 아이가 부모의 관심을 받고 싶어 심리게임[2]을 연기 한다는 것을 알게 된 후에야 비로소 뭔가 문제가 있다는 것을 깨닫게 된다. 이러한 상황이 지속되면 전문가나 의사의 도

---

2) 심리게임은 교류분석 심리학의 핵심 개념 중 하나로, 인간관계에서 벌어지는 나쁜 말 습관이다. 게임분석이란 자기도 모르게 반복적으로 하는 나쁜 말 습관을 찾아서 없애는 활동이다.

완벽한 부모가 아니어도 충분해요

움을 받아 치료해야만 하는 상황에까지 이를 수도 있다.

사랑으로 아이를 돌보고 따뜻한 관심을 보여주는 동시에 아이가 자립심을 키울 수 있도록 무한한 신뢰를 보내주자. 그렇게 한다고 해서 여러분과 아이 사이가 멀어지는 것은 절대 아니다. 아이에 대한 애정 표현 방식이 아이의 성장 단계에 비추어 타당한지 검토해 보라. "멈춰. 좀 천천히."라고 말하며 아이를 제지하는 방식이 그 시기에 적절한지 고심해 보자. 이렇게 끊임없이 고민하는 과정에서 아이를 보호하고 돌보는 데 적절한 최선의 방법을 찾아낼 수 있을 것이다.

부모가 아이와 하는 심리게임에 주목하라

교류분석 심리학에서는 인간은 본래 OK 존재이지만 어린 시절에 부모 또는 부모를 대신했던 사람과의 교류 과정에서 부정적인 태도가 형성된다고 한다. 이렇게 형성된 부모와 자식의 부정적 태도가 움직여서 만드는 반복적이고 불쾌한 교류를 심리 게임이라고 한다. 우리는 일상을 살아가면서 끊임없이 갈등 관계를 만들고 해소하면서 살아간다. 이 갈등 관계가 이해의 대립 때문에 생기는 경우도 있지만 전혀 그럴 필요도 없고 원하지도 않는데 생겨나기도 한다. 그리고 그런 갈등은 같은 방식으로 반복되는 경향이 있다. 이럴 때 우리는 교류분석에서 말하는 심리 게임이라는 함정에 빠진 것은 아닌지 의심해 봐야 한다.

심리 게임이란 예측 가능하며 명확히 정의된 결과를 향해 나아가는 연속적이고 상호 보완적이며 이면적인 교류이다. 다시 설명하자면 게임은 대부분은 반복적이며 겉으로는 상호 보완적이라 그럴듯해 보여도 속에서는 뭔가 다른 동기, 일종의 '함정' 혹은 '속임수' 따위를 숨기고 있는 이면적 교류다. 그렇기 때문에 부모와 자식 간에 발생하는 심리 게임을 찾아 없애는 노력으로 우리 자녀를 더 긍정적인 아이로 키워갈 수 있다.

게임공식3): 가짜 + 속임수 = 반응 – 전환 – 혼란 – 보상

교류분석 심리학의 창시자인 에릭 번은 심리게임이 이루어지는 과정에 주목해서 심리게임을 쉽게 찾을 수 있는 공식을 제시하였다. '가짜(Con)'는 게임을 시작하는 사람의 첫 번째 행동이다. '속임수(Gimmick)'는 상대방인 게임에 걸려드는 사람의 약점인데, 그로 하여금 가짜에 반응(Response)하게 만든다. '전환(Switch)'은 게임을 시작한 사람의 심리상태가 달라지는 것을 나타낸다.

---

3) 교류분석 심리학의 창안자인 에릭 번은 사람들이 자신이 연기하는 심리게임을 효율적으로 찾을 수 있도록 게임의 시작, 전개과정, 결말을 마치 공식처럼 제시하였다.

그러면 게임에 걸려든 사람은 '혼란(Cross up)'에 빠지게 되고, 두 사람은 결국 결말을 맞고 심리적, 사회적 보상을 얻게 된다.

다섯 살 난 철수는 엄마가 이웃들과 주방 식탁에 앉아 커피를 마시는 동안 좋아하는 장난감 트럭을 끌고 이 방 저 방으로 뛰어 다녔다. 그러다 갑자기 거실에서 우당탕 깨지는 소리가 들렸다. 급히 거실로 뛰어간 철수 엄마는 유리 꽃병이 바닥에 떨어져 산산조각이 난 광경을 보았다.

"누가 이랬어?" 엄마가 물었다.
"멍멍이가." 철수가 대답했다.

엄마는 화가 나 목덜미가 벌개졌다. 엄마가 분명 5분 전에 강아지를 방 안으로 들여보냈기 때문이다. 철수에게 성큼 다가간 엄마는 철수를 때리며 말한다. "거짓말하면 엄마 아들 아니랬지!" 누가 꽃병을 깼는지는 분명하다. 따라서 누가 꽃병을 깼냐는 철수 엄마의 질문은, 표면적으로는 이성적인 정보 요청이지만, 심리적 수준에서 보면 사실은 철수가 거짓말하도록 유인하는 것이었으며, 철수는 엄마의 무의식 의중에 맞춰 그대로 반응한다. 엄마의 목덜미가 벌개진 것은 그녀의 심리상태를 바뀌고 있음을 보여준다. 엄마가 얻은 심리적 보상은 정당한 분노라는 갑작스럽고 놀라운 감정이다.

여기서 철수 엄마는 '너 이번에 딱 걸렸어' 심리게임을 했다고 할 수 있다. 그러나 철수 엄마가 일부로, 의식적으로 아들을 '걸려들게' 만들어 때린 것이 아니라는 데 주목해야 한다. 오히려 정반대로 철수 엄마는 그렇게 된 결과에 몹시 혼란스러워했다. 또 한편 철수 쪽에서 보면 '나 좀 차 주세요' 게임을 한 것이라고 볼 수 있다. 철수가 "제가 그랬어요."라고 한마디만 했더라도 게임은 애초에 시작되지도 않았을 것이다. "거짓말하면 엄마 아들 아니랬지!"라는 엄마의 말을 살펴보면 이와 비슷한 심리게임을 과거에는 늘 해왔다는 것을 알 수 있다.

게임이라는 단어가 상징하는 것처럼 심리 게임에는 일정한 규칙과 주어진 역할이 있다. 단지 게임을 시작하는 사람이나 그 게임을 받아들이는 사람 자신이 그 사실을 모르고 있을 따름이다. 이 심리게임은 부모와 자식 간의 갈등, 고부간의 갈등, 직장에서의 인간관계, 이웃과의 갈등 등 어느 곳에서도, 누구와도 일어날 수 있다. 따라서 부모는 자녀와 심리 게임을 한 건 아닌지 수시로 확인하고 나도 모르게 하고 있는 심리게임에서 벗어나야 한다.

규칙만 파악하면 매우 쉽게 끝낼 수 있는 심리게임도 사람들은 방법을 몰라서 계속 심리게임에 몰두하고 결국 치명적인

완벽한 부모가 아니어도 충분해요

상처를 입고 만다. 심리게임만 멈춘다고 해도 지금보다 훨씬 더 여유롭고 긍정적으로 살아갈 수 있을 정도이다. 그만큼 심리게임을 다루는 문제는 우리가 인생을 살아가는 데 매우 중요하다. 더군다나 벗어나는 방법이 그렇게 어렵지 않다.

심리게임의 원천은 어린 시절의 경험이다.

에릭 번의 심리게임 연구를 보완한 결과가 바로 스티븐 카프만(Stephen Karpman)의 드라마 삼각형이다. 원래 에릭 번이 제시한 심리게임에는 '애교쟁이', '호구;, '순진한 사람' 등 다채로운 역할이 등장한다. 스티븐 카프만은 이 다양한 등장인물들을 모든 심리게임에서 보편적으로 볼 수 있는 상호보완적인 세 역할로 종합해 냈다. 희생자, 박해자, 구원자가 바로 그것이다.

희생자4)는 원래 아이의 위치이다. 아이들은 순진하고 힘이 없기 때문에 어른에게 의존해서 살아간다. 아이들은 선택의 여지 없이 부모의 권위에 복종한다. 부모가 아이를 애지중지하든, 매정하게 대하든 그건 아이가 선택한 일이 아니다. 아이는 한창 배우는 과정 중에 있고 장기간 시행착오를 거치게 마련이므로 당연히 서툴고 미숙하다. 하지만 점차 성장하면서 조금 더 능동

---

4) 여기에서 희생자란 인간관계에서 어려움을 겪고 힘들어하는 사람을 말한다. 내면에서 자기부정, 타인긍정의 인생태도가 작동하고 있다.

적이고, 자율적이며, 자기 행동에 책임지는 사람이 되어 갈 것이다.

그러므로 아이는 형편없는 성적표, 돼지우리 같은 방, 학교 친구들과의 관계, 시간 엄수 등에 대해서 나름대로 변명할 수 있다. 아이의 미숙함은 적어도, 어느 정도는 그 연령을 감안해 너그럽게 허용되어야 한다. 어린 자녀가 물건을 망가뜨리거나 더럽혔다고 너무 다그치지 말자. 물건은 고칠 수 있지만 아이 마음에 새긴 상처는 생각보다 오래 남는다.

그러나 만 18세가 되면 누구나 자기 행동과 미래에 법적 책임을 지게 된다. 그런데 희생자의 역할을 습관적으로 하는 사람들은 자기 책임을 다른 사람에게 떠넘김으로써 여전히 아이의 위치로 돌아가거나 그러한 위치를 유지하려고 애를 쓴다.

박해자[5]와 구원자는 부모 역할의 상호 보완적인 두 측면을 서로 나눠 갖는다. 일단 규범을 가르치고, 잘못을 고쳐주고, 판단하고, 혼내고, 벌을 주는 아버지와 어머니의 모습이 있다. 그리고 자식을 잘 먹이고, 달래 주고, 보호하는 아빠와 엄마의 모습도 있다.

부모가 심리게임에서 아이와 함께 연기하는 이 역할들은 과

---

5) 여기에서 박해자와 구원자란 인간관계에서 상대방을 지나치게 공격하거나 구원하려는 사람을 말한다. 내면에서 자기긍정, 타인부정의 인생태도가 작동하고 있다.

거의 상황과 문제에는 나름대로 효과가 있었던 해결안이었다. 박해자는 실제로 주위 사람들에게 공격을 받았고 원한도 많았을 것이다. 그들에게는 복수심이랄까, '내가 겪는 좌절감을 너희들도 겪어 봐라' 라는 마음이 있었을 것이다. 구원자는 보잘 것없는 인정 자극이라도 받으려 무척 노력하고, 애를 써야만 했을 것이고, 희생자는 분명히 어떤 비극적인 사건을 경험하였고 그의 인생사에 흔적이 남아 있을 것이다.

이렇게 박해자, 구원자, 희생자 특유의 행동방식은 때때로 상황과 맥락에 따라서 꽤 요긴하기도 했다. 그렇지만 지금 이 드라마 삼각형 게임을 하는 사람은 현재 상황에 어울리지 않거나 과장되게 연기를 한다. 비록 습관적으로, 무의식중에 하는 연기이긴 하지만, 심리게임을 하는 사람의 역할 선택은 다른 사람을 심리적으로 조종하려는 의도가 숨겨져 있다.

우리가 익히 알고 있는 조선 초기의 명재상 황희 정승에 대한 일화는 바로 심리게임 그 자체이다. 어느 날 집안에서 계집종과 사내종이 다투고 있었다. 황희는 그저 지켜보기만 하고 있었다. 좀처럼 해결이 나지 않자 두 시종은 황희 정승에게 다가와 누가 옳고 그른지를 판단해 줄 것을 청하였다. 먼저 계집종의 하소연을 잠자코 듣고 있던 황희 정승은 "네 말이 옳다."고 말하며 고개를 끄덕였다. 곧이어 사내종도 열변을 토하며 자신의 사정을 하소연했다. 그의 말을 또 열심히 들은 황희 정승은 이번에도 "네 말도 옳다."고 말했다. 두 시종은 황희 정승의 말을 듣고 어리둥절한 표정을 지었다. 이 말을 듣고 있던 황희 정승의 부인은 답답하다는 듯이 "이쪽이면 이쪽, 저쪽이면 저쪽이지, 어찌하여 이쪽도 옳고 저쪽도 옳을 수 있습니까?" 하고 따지자 그는 "당신 말도 옳소."라고 말했다고 한다.

황희는 두 시종이 심리게임을 하고 있다는 것을 잘 알고 있었다. 그리고 누구의 편을 들기보다는 중립적인 입장에 서서 두 사람의 하소연을 들어주었다. 아마 황희 정승이 직접 개입한다고 해도 두 사람 간의 갈등은 쉽사리 풀어지지는 않았을 것이다. 한 사람의 편에 서면 다른 한 사람이 부당하다고 느낄 테고, 그 반대 역시 마찬가지 결과를 낳을 것이 뻔하기 때문이다. 황희 정승은 그 사실을 누구보다 잘 알고 있어서 지혜롭게 대처한 것이다.

가정에서 자녀들의 다툼에 심판관이 되어 한쪽을 편들다 종국에는 모두를 비판하는 등 사태를 더 악화시켰던 경험이 있는 사람이라면 크게 공감할 것이다. 이 세상에 틀린 말을 하는 사람은 없다. 누구나 자신의 입장에서 이익이 되는 주장을 펴는 것이기 때문이다. 그런 관점에서 볼 때 황희야말로 심리게임의 본질을 정확하게 꿰뚫고 있었던 사람이 아니었을까?

가정에서 흔히 볼 수 있는 또 다른 사례를 살펴보자.

완벽한 부모가 아니어도 충분해요

엄마: "길동아 목욕해라."

길동: "네. 알았어요."

엄마: "길동아 목욕하니?"

길동: "할거하는 거예요."

엄마: "길동아. 목욕하는 거지?"

길동: "옷 벗어요."

엄마: "언제 하라고 했는데 이제 옷을 벗어!"

길동: "한다니까? 이거 다 끝나가."

엄마: "뭐라고. 아직도 게임하고 있는 거야!"

길동: "곧 끝난다니까!"

엄마: "게임 그만해. 저녁마다 이게 무슨 꼴이야. 나이가 몇 인데 목욕하나 제때 못하니! 저 놈의 새끼 때문에 내 가 미쳐!"

길동: (야단맞고 울면서) "괜히 그래. 나만 미워해. 이제 목욕 하 려고 했는데 괜히 그래."

엄마: (요란하게 설거지하면서) "저녁마다 이게 무슨 짓이야. 안 그 러려고 했는데 또 하고 말았네."

이와 같이 심리게임은 재미있지도 않고 유희적이지도 않기 때문에 게임이라는 용어는 일견 부적절해 보인다. 이런 부정적인 교류는 자연스럽게 일어나는 듯 보이기도 하고, 어떤 무의식적인 동기에 의해 일어나는 것 같기도 하다. 싸울 이유가 없는데 일부로 싸우는 사람들도 있을까? 그런데 참 희한하게도 이 부정적인 교류들은 거의 늘 똑같은 규칙을 따르기라도 하는 양 판에 박힌 듯한 모양으로 벌어진다. 이를테면 어떤 가족들끼리의 싸움은 전개 양상이 늘 비슷하다. 언제나 토씨 하나 틀릴까 말까? 한 대사들이 오가고 한 명이 뛰쳐나가 문을 꽝 소리 나게 닫거나 누군가 발작적으로 눈물 바람을 쏟는 것으로 마무리된다.

또 휴일 소파에 드러누워 세월아 네월아 TV만 보는 사춘기 자녀를 예로 들어 보자.

엄마가 거실에 나와서 심문하는 말투로 묻는다. "너 숙제 다 했어?" 아이는 엄마가 못마땅해하는 것을 느끼면서도 강하게 나간다. "내가 알아서 할 거야! 학교 갔다가, 학원 갔다가 오후 내내 바빴단 말이냐! 난 좀 쉬면 안 돼?" 그러면 엄마는 빈정거린다. "그렇게 열심히 해서 수학 점수가 그 모양이야? 웬만큼은 하고서 쉬겠다는 소리를 해야지." 사춘기 아이는 더 성질을 부린다. "그래, 난 바보거든? 그러니까 학교도 안 갈 거야. 어차피 할 줄 아는 것도 없는 애한테 왜 이것저것 시키고 그래? 다 때려치울 거야!" 아이가 자리를 박차고 나가 문짝이 부서지라고 꽝 닫는다. 엄마는 땅이 꺼지라 한숨을 쉬고는 소파에 앉아 리모

완벽한 부모가 아니어도 충분해요

컨을 들고 채널을 돌린다.

왜 이런 일이 벌어지는 걸까요? 자녀가 TV를 보지 말고 공부를 했으면 좋겠다는 엄마의 기대가 왜곡되게 표현된 것은 아닐까? 또는 자녀에게 비켜 달라는 요구나 명령하지 않고도 자연스럽게 TV 리모컨을 차지하려는 무의식적인 동기가 작용한 것일 수도 있다. 즉 부모의 마음 깊은 곳에서 작용하는 부정적 태도가 아이의 부정적 태도를 자극해서, 때로는 아이의 부정적 태도가 부모의 부정적 태도를 자극해서 반복적으로 불쾌한 교류를 하게 만드는 심리게임은 아닐까? 부모는 아이와의 사이에서 반복적으로 경험하는 비슷한 모양새의 불쾌한 교류를 찾아서 그 안에서 작용하는 부정적 태도를 밝혀내고 거기서 벗어나야 한다.

'아무리 생각해도 역시 그 아이가 나빠'

이렇게 결론을 내리고 속이 후련해진 사람이 있을지도 모르겠다. 만약 그렇다면 도움이 된 것이다. 또한 '나한테 어떤 문제가 있었구나'라고 반성한 사람이 있을지도 모르겠다. 그것도 좋다. 그동안 문제를 깨닫지 못해 게임에 휘말렸거나 나쁜 습관에 빠졌던 것이다. 문제를 깨달은 이상 앞으로의 대책을 세우면 된다.

게임에는 다양한 종류가 있다. 또한 각각의 게임에서 실시

되는 어떤 교류의 패턴은 복잡하다. 모든 게임에 공통되는 해결 방안은 없지만 일반적으로 심리게임을 접했을 때 대처하기 위한 세 가지 원칙은 있다.

그 첫 번째 대응 방법은 가급적 그 상황을 의도적으로 회피하는 방법이다. 예를 들어 아이가 심리게임을 걸고 있다는 사실을 깨닫는다면 아이가 아무리 말을 걸어 와도 감정적으로 대응하지 않고 이유를 이야기하고 대화를 미루어야 한다.

아이가 걸고 있는 게임의 특징을 최대한 빨리 간파하고, 게임의 패턴에 걸려들 것 같은 낌새가 보이면 일단 그 자리를 뜨는 게 좋다. 급한 용무를 떠올렸다든가 갑자기 치통이나 복통을 일으킨 척해도 좋으니 우선 그 상황에 잘 맞춰서 자연스럽게 피하라. 이렇게 거리를 두는 과정에서 서로 차분해질 수 있다.

일전에 '분노에 대처하는 방법'을 다룬 책을 읽은 적이 있다. 이 책에서도 '지금 화가 났다'라고 차분하게 말하고, 그 자리를 떠나라는 조언이 실려 있었다. 이처럼 자리를 함께 하지 않는 것도 심리게임을 피하기 위한 요령이 된다.

두 번째 대처 방법은 지나치게 자책하지 않는 것이다. 게임이 끝난 다음에 어색하고 초조한 분위기가 남는 까닭은 어디까지나 게임을 시작한 사람에게 원인이 있기 때문이다. 게임을 시작한 사람은 'OK가 아니다'라는 태도를 지녔고, 그 태도가 인간관계를 잘못되게 만든다. 이는 그 사람의 책임이므로 거기에 휘말린 당신이 책임을 크게 느낄 필요는 없다. 책임을 전가하려는 상대의 푸념에 지나치게 속상해할 필요가 없다. OK가 아니라는 태도를 가지고 있는 상대방을 긍정적으로 생각하고 이성적으로 해결 방안을 찾도록 노력하라. 이미 벌어져서 어찌할 수 없는 게임에 책임을 느끼거나 찝찝한 뒷맛을 계속 음미하면 스트레스만 쌓인다.

세 번째 대처법은 가능한 한 이성적인 심리상태를 유지하는 것이다. 이성을 지키고 냉정해져서 상대가 하고 있는 게임의 페이스에 휘말리지 않도록 주의해야 한다. 본심이 보이지 않는 이면교류6)의 존재를 알아차리거나 불쾌한 감정을 느낀다면 한시라도 빨리 '아 이건 심리게임이 아닐까?'라고 의심하라. 그리고 감정을 자제하고 당신의 이성에서 아이의 이성으로 메시지를 보내라. 당신이 이성에서 아이의 이성으로 메시지를 보내면 반드시 교차적인 교류7)가 일어난다. 교차적인 교류는 기본적으로 활기를 띠지 않는 대화이므로 게임의 진행을 거기서 멈추게 하

---

6) 이면교류는 자기도 의식하지 못하고 상대와 내면에서 주고 받는 대화를 말한다. 심리게임의 본질적 요소 중 하나로, 모든 심리게임은 이면교류이다.

7) 대화는 상호보완적인 교류와 교차적인 교류로 구분할 수 있다. 그 중 교차적인 교류는 대화의 목적이 달성되지 않는 교류로, 기분이 나빠져서 대화가 단절되거나 싸움이 된다.

는 효과가 있다. 이렇게 하면 상대방이 시작하는 심리게임에 걸려들지 않게 되며, 혹 걸려들었다 하더라도 중간에 빠져나올 수 있게 된다.

아이가 끈질기게 심리게임을 시도하면 담담하게 '흐음' 정도로 짧게 응답하고 가만히 흘려듣는 방법도 효과적이다. 당신이 호응하지 않는 한 심리게임은 성립되지 않아 자연스럽게 흐지부지된다. 이때도 자신이 아이와 서로 익숙한 심리게임을 즐기고 있는 것은 아닌지, 또는 오히려 자신이 심리게임을 부추기는 것은 아닌지도 확인하자. 만일 그렇다면 스스로 게임을 끝내겠다는 결연한 의지를 가지고 앞으로의 인간관계에 임해야 한다.

버릇이 되어 버린 말이나 행동을 깨달았을 때는 우선 그런 버릇을 깨달은 자신을 칭찬해 주자. 자신을 책망할 필요는 없다. 버릇은 어디까지나 버릇이다. 일부러 그랬을 리가 없다. 다만 자신의 버릇을 깨닫고 나면 자녀와의 사이에 긍정적 교류가 가능하도록 다양한 방법을 찾아보자. 자녀와의 사이에 벌어질 수 있는 갈등을 가능한 한 나쁜 습관을 드러내지 않고 해결할 수 있도록 마음의 준비를 해두는 것이다.

완벽한 부모가 아니어도 충분해요

에필로그

　이제 우리의 이야기를 정리할 시간이 왔다. 긴 여정을 마치면서 이 책을 일관되게 지탱하고 있는 몇 가지 핵심 사항들에 대해 다시 강조하고 싶다. 그것은 자녀를 양육하고 교육하면서, 일상 체험을 통한 자연스러운 두뇌의 성장과 발전, 즐기면서 학습하는 놀이활동, 부모의 기대보다는 아이의 자발성 존중하는 자세 등 바로 부모의 진정한 역할이다.

　아이 혼자서 자신의 생활을 결정하기란 불가능하다. 따라서 부모가 아이를 위해 환경을 구성하고 디자인하며 아이의 욕구를 충족시켜 주는, 교육설계사의 역할에 최선을 다해야 한다. 아이를 위한 최고의 교육설계사가 되어야 한다. 동시에 다양한 활동을 실제로 제공하여 아이의 성장을 지원해야 한다.

　아이는 태어날 때부터 특별하다. 아이는 그 누구와도 같지 않은 자신만의 고유한 성향, 특성을 가지고 하루하루 생활에서

에필로그

새로운 경험을 하며 자아를 완성해 간다. 여러분이 아이에게 제공하는 모든 자극과 제안, 그리고 새로운 경험은 아이의 성장에 큰 영향을 미친다. 즉 엄마 아빠인 여러분은 아이에게 스승이자, 중재자이자, 조언자이다.

다양한 역할을 맡은 여러분은 아이가 세상을 제대로 이해하고 살아갈 수 있도록 안내자의 역할을 해야 한다. 예를 들어, 지금까지의 경험을 바탕으로 사물에 대한 긍정적이고 부정적인 모든 면을 제시하며, 특히 시시때때로 변하는 현대 사회의 정보를 끊임없이 아이에게 전달한다.

들판을 지날 때, 여기저기 소들이 흩어져 쉬고 있는 햇빛 가득한 목장을 보며 아이와 함께 즐거워한다. 아이와 함께 쿠키를 굽고 온 집안에 퍼지는 달콤한 향기를 즐긴다. 모차르트 교향곡을 들으며 아침을 먹는다. 평소 모차르트 음악을 좋아하는 부모의 음악적 취향이 아이에게 전해진다.

물론 모든 좋은 감정 외에 평소 덜 좋아하는 것에 대해서도 아이에게 이야기한다. 야외에서 달팽이를 찾아 아이에게 보여준다. 그리고 부모는 미끈하고 뼈가 없는 이 동물을 좋아하지 않는다는 사실을 이야기해준다. 농가를 지날 때 잠시 멈춰 서서 아이에게 외양간 냄새를 맡아보게 한다.

완벽한 부모가 아니어도 충분해요

어디에서나 발견할 수 있는 수천 가지 멋진 일들

　오늘날 많은 부모는 아이에게 다양한 경험을 선사하는 데드는 비용이나 노력을 전혀 아까워하지 않는다. 그러나 그러한 경험들이 반드시 돈이 많이 들고 아주 깜짝 놀랄 만큼 큰 사건이어야 하는 것은 아니다. 예를 들어 공원을 산책한다거나 가까운 지방을 여행하는 것만으로도 충분히 멋진 추억이 된다.

　별이 쏟아지는 밤에 야외에서 텐트치고 야영하기, 촉촉하고 부드러운 잔디 위에서 맨발로 시냇물까지 달리기 시합하기, 공원에 누워 하늘과 구름을 바라보기, 그것이 긍정적 경험이든, 부정적 경험이든 모두 아이의 인생을 아름답게 하는 경험이 된다. 같은 경험을 해도 아이들이 느끼는 감정은 모두 다르다. 또한 그 체험이 주는 의미도 다양하다. 모든 아이는 성장하려면 자극이 필요하다. 크고 작은 모험을 완수하면서 그 결과를 즐기고, 어려운 과제에 도전하고 부딪치면서 성장하는 것이다. 아이손을 잡고 세상으로 향하자! 그것이 아이의 첫 번째 모험이 될 것이다.

〈그림 14〉 일상에서 부모의 사랑을 체험하는 아이

아이의 일상은 온몸으로 직접 체험하는 모험이다.

여러분의 아이는 대중매체를 통해 간접경험이 아니라 즐겁고
도 긴장되는 사건들을 직접 경험함으로써 인생이란 무엇인지 몸
으로 느끼게 된다. 아이는 자신이 성공적으로 마친 모험에 대해
서 잔뜩 신이 나서 이야기를 늘어놓는다. 이때, 아이는 주위 사
람들이 질문을 하고 놀라워하는 모습을 보며 자신감을 얻는다.

새로운 모험을 성공적으로 완수하고 이겨낸 아이는 힘든 시

완벽한 부모가 아니어도 충분해요

련이 닥쳐와도 꿋꿋이 이겨내고, 가족의 보호를 받는 온실 속 화초에서 벗어나 한 단계 더 성장하게 된다. 즉 세상을 좀 더 다양하고 새로운 시각으로 바라볼 수 있게 된다. 그뿐만 아니라 전에는 거의 느끼지 못했던 자신의 장점과 단점도 깨닫게 된다.

대부분의 부모는 자녀의 성장을 위해 학구열을 자극한다. 미술, 게임, 음악, 만들기, 운동 등 아이가 자신의 잠재능력을 스스로 찾고 개발하게끔 물심양면으로 지원하고 지지해 주려 한다. 어떤 한 가치에 몰입하고 집중하는 것, 이는 아이에게 매우 특별하고 신기한 감정이다. 그렇게 포기하지 않으면서 온 마음을 다해 열심히 노력하면 아이는 마침내 성공적인 결과물을 얻게 될 것이다.

놀이는 시간 낭비가 아닌 또 다른 경험이다.

오늘날 어른들은 요즘 아이들이 많은 시간을 노는 데 사용하지만 정작 자신이 뭘 하며 놀고 싶은지에 대해서는 전혀 생각하지 않는다고 불평한다. 노는 것까지 부모가 모두 정해주어야 하는 것인가? 아이들 스스로 자신이 하고 싶은 놀이를 정하는 시대는 이제 끝난 걸까?

실제로 많은 아이들이 제대로 놀 줄 모르거나 놀이를 좋아하지 않는다. 더 이상 블록으로 건물을 짓거나 거실에서 장난감 인형을 갖고 노는 모습을 볼 수 없다. 토끼 인형과 대화하는 모습도 이제 낯선 풍경이 되었다. 여러 전문단체에서 이런 현상이 일어나는 원인에 대해 많은 토론이 오가고 있다. 그리고 부모의 걱정은 거기서 끝나지 않는다. "우리 아이는 혼자서 아무것도 못 해요. 아침에 눈 떠서부터 밤에 잠자리에 들기까지 하나하나 내가 다 챙겨주기를 바라지요." "아이가 장난감에 흥미를 느끼지 못해요. 그저 텔레비전과 컴퓨터만 좋아한답니다."

하지만 오늘날의 이런 현상은 아이들에게만 국한되지 않는다. 부모도 마찬가지다. 즐거운 놀이를 만들고 놀이 규칙을 설명하는 일에는 도무지 관심이 없다. 물론 장난감을 사 주는데 인색하지는 않다. 하지만 아이들이 그 놀이를 좋아하도록 이끌어 주었는가? 집에서 함께 놀아주었는가? 대부분 다음과 같이 핑계 대는 건 아닌가? "아이와 함께 야외로 나가려고 이제 계획을 세우려고 해. 하루 종일 집에만 있는 건 너무 지루하잖아." 또는 "요새 마음의 여유가 없어. 집에서 아이들 노는 것까지 일일이 신경 쓰기엔 버겁다고."

최근에 아이의 성장과 발전에 최선을 다하며, 자녀교육에 관심이 많은 아빠 엄마도 점점 많아지고 있다. 이들은 분명한 목표를 가지고 아이와 놀이를 하고 이미 어린 나이에서부터 아이가 올바르게 자라도록 훈련시킨다. 왜냐하면 아이에게 놀이란 단순히 즐거움만을 얻는 행위가 아니라 학습활동이기 때문이다.

놀이란 무엇으로도 대체할 수 없는 기쁨과 열성의 원천이다.

놀이를 하면서 아이가 만족하는 이유는 무엇보다 그 시기와 방법이 적절하기 때문이다. 전문가는 부모와 아이가 놀이 본연의 의미를 잊지 말아야 한다고 조언한다. 의미가 넘치는 커다란 즐거움은 공부보다 많은 것을 선사한다.

놀이란 무엇으로도 대체할 수 없는 기쁨과 열정의 원천이다. 나아가 근본적으로 주변 환경과 사람에 대한 믿음이 바탕에 깔려 있을 때 아이는 놀이를 통해 많은 것을 배우고 느낀다. 일요일 하루라도 집에서 애정으로 아이를 돌보는 부모라면, 단순히 올바른 육아란 무엇일지 머리로 생각하는 데서 그치지 않는다. 거기서 한 걸음 더 나아가 머릿속에 떠오르는 놀이를 실천하고 아이들이 스스로 꿈꾸고, 이야기하고, 상상의 나래를 펼칠 계기를 만들어준다. 아이들은 호기심이 넘치고 많은 것을 배우고 싶어 하며 게다가 창의적이다. 부모의 역할은 이런 아이들의 능력을 발견하고 일상생활에서 이를 사용함으로써 발전시키도록 지원해 주는 것이다.

현명한 부모가 되는 첫걸음은 어떤 부모가 되어서 어떻게 자녀를 키울 것인지에 대한 마음을 결정하는 것이다. 너무 주변을 의식하고 불안해하면 좋은 부모가 되기 힘들다. 그렇다고 아무 것도 하지 말라는 것은 아니다. '놀면서도 배울 수 있다'는 신념만 있다면 육아와 학습을 훌륭하게 할 수 있다. 자녀와 시간을 보낼 마음의 준비가 조금이라도 되었다면 아이와 함께 시간을 보내는 것만으로도 교육이 된다.

이 책에서 소개하는 활동은 자녀와 우호적인 분위기에서 시간을 보내면서 아이의 건전한 가치관 형성과 두뇌의 성장과 발달에 긍정적 영향을 미치는 방법이다. 이 한 권의 책이 행복한 자녀와 부모, 그리고 행복한 사회를 만드는 데 크게 기여할 수 있기를 바란다.

아이는 성공하기 위해 태어났다.

이 책의 이론적 배경의 핵심인 교류분석 심리학은 사람에 대한 뚜렷한 철학적 가정을 가지고 있다. 첫 번째, 사람은 누구나 OK라는 것이다. 사람은 누구나 가치 있고 존엄한 존재라는 근본적인 가정을 가지고 있다. 두 번째, 누구나 무한한 사고능력을 가지고 있다는 것이다. 따라서 삶에서 자신이 원하는 것을 결정하는 것은 우리 각자의 책임이고 각 개인은 자신이 한 결정에 따라 주도적으로 세상을 살아간다는 의미이다. 세 번째, 사람은 자기 운명을 자기가 결정하며, 이러한 결정을 얼마든지 변화시킬 수 있다는 것이다. 어릴 때 내린 유아기의 결정이 바람직하지 못한 결과를 초래한다면, 이러한 부정적 결정을 찾아보다 새롭고 적절한 결정으로 스스로 바꿀 수 있다는 것이다.

궁극적으로 교류분석이 추구하는 것은 OK태도를 지닌 자율적 인간이 되는 것이다. 자신의 욕망이나 남의 명령에 구속받지 않고 삶의 방향을 자신의 의지로 통제하여 스스로 결정을 내릴 수 있는 인간이 되는 것이다. 우리가 성장한 사람으로서 자신의 가능성을 충분히 실현하려면 어릴 때 내렸던 결정을 부단히 변화시켜 나가야 한다. 교류분석에서는 이것을 부정적 각본에서 벗어나 자율성을 획득하는 것이라고 말한다. 그러므로 이 책이 우리 자녀들이 자율적 인간으로 성장하는 데, 부모들이 그 과정을 지원하는 데에 실제적인 지침이 되는 역할을 할 수 있었으면 좋겠다. 부디 우리 아이들이 인생에서 성공하기 위해 승자로 태어났다는 진실을 잊지 말자.

참고문헌

- 가토 다이조(1991)《아이들은 이렇게 사는 법을 배웁니다》, 고려원미디어
- 강학중(2010)《가족 수업》, 김영사
- 공선표(2008)《생각 창조의 기술》, 리더스북
- 곽윤정(2013)《내 아이를 위한 두뇌발달 보고서》, 지식너머
- 구근회(2010)《부모 혁명 99일》, 쿠폰북
- 김선(1998)《기억에 대한 이해와 훈련 프로그램》, 교육과학사
- 김영환(2007)《창조적 습관》, 포북
- 김준기(2008)《회사에서 인정받는 창의성》, 중앙북스
- 김진태 외(2021)《이상한 대화의 비밀》, brainLEO
- 김희진 외(2004)《아이와 잘 노는 엄마가 똑똑한 아이 만든다》, 랜덤하우스
- 더글러스 블로흐 M.A, 외(2004)《아이의 10년 후는 부모의 말 한마디에 달려있다》,
  삼진기획
- 로보트 우볼딩(1997)《어린이 마음을 여는 기술》, 사람과사람
- 리처드 니스벳(2019)《사람일까 상황일까》, 김호 옮김, 푸른숲
- 마이클 가자니가(2012)《뇌로부터의 자유》, 추수밭
- 문용린(1993)《나는 어떤 부모인가》, 바오로딸
- 뮤리엘 제임스(1992)《부모 교육》, 정암서원
- 뮤리엘 제임스 외(2005)《아이는 성공하기 위해 태어난다》, 샘터
- 박지원(2014)《성장 로그인》, 보명북스
- 박혁수(2020)《인사이트 스포츠》, 플랜비디자인
- 밴 조인스 외(2012)《TA 이론에 의한 성격적응론》, 오수희 옮김, 학지사
- 사이먼 하젤딘(2015)《뉴로셀》, 신하영 옮김, 시그마북스
- 시찌다 마코토(2002)《우뇌 개발법》, 임호찬 옮김, 학지사
- 스기다 미네야스(1992)《잘못투성이의 가정교육》, 우신출판
- 스즈키 히로시(2003)《부모의 말 한 마디가 자녀의 미래를 결정한다》, 푸른샘
- 스튜어트 브라운 외(2010)《플레이 즐거움의 발견》, 흐름출판
- 스펜서 존슨(2004)《1분 엄마》, 김혜승, 김자연 옮김, 따뜻한손
- 에릭 번(2004)《각본분석》, 우재현 옮김, 정암서원

- 에릭 번(2009)《심리게임》, 조혜정 옮김, 교양인
- 오재호 외(1995)《부모는 자녀를 가르칠 수 없습니다》, 프레스빌
- 오쿠무라 류이치(2006)《직장인을 위한 생각의 기술》, 김미선 옮김, 원앤원북스
- 윈 웽거(2001)《내 안의 천재성을 모두 일깨워라》, 이상연 옮김, 청림출판
- 윌리엄 맥스웰(2011)《자녀 기르기》, 최용재, 이영재 옮김, 외국어연수사
- 윤영화(2000)《뇌과학에서 본 기억과 학습》, 학지사
- 율리히 데너 외(2009)《이기는 심리게임》, 안성철 옮김, 위즈덤하우스
- 이명노(1997)《인간교류분석》, 도서출판 휴먼스킬
- 이명노(2020)《상황대응 애자일 리더십》, 학토재
- 이명노 외(2012)《반품하고 싶은 직원 리모델링하고 싶은 상사》, 혜지원
- 이명노 외(2023)《요즘 시대 요즘 세대 요즘 리더》, 더로드
- 이명노 외(2024)《일, 관계, 인생이 행복해지는 인간관계 수업》, 서사원
- 이언 스튜어트(2009)《에릭 번》, 박현주 옮김, 학지사
- 이사주당, 유희(2023)《태교신기 태교신기언해》, 김양진 역주, 모시는사람들
- 제프리 슈워츠 외(2012)《뇌는 어떻게 당신을 속이는가》, 이상원 옮김, 갈매나무
- 장 자크 루소(2015)《에밀》, 이환 편역, 돋을새김
- 장재윤 외(2007)《창의성의 심리학》, 가산북스
- 주디스 폴리 외(2006)《즐거운 교실》, 오혜경 옮김, 마고북스
- 최성애 외(2002)《우리 아이 인재로 키우는 HOPE 자녀교육법》, 해냄
- 캐런 프라이어(2006)《긍정의 교육학》, 이원식 옮김, 리앤북스
- 켄 블랜차드 외(2006)《행복주식회사》, 이명노 옮김, 21세기북스
- 켄 언스트(1997)《학생들의 심리게임》, 우재현 옮김, 정암서원
- 코르넬리아 니취(2009)《부모 면허증》, 한윤진 옮김, 사피엔스21
- 다고 아키라(1990)《평범한 어머니의 비범한 자녀교육》, 외문기획 옮김, 한울림
- 토머스 해리스(2008)《마음의 해부학》, 조성숙 옮김, 21세기북스
- 톰 켈리 외(2014)《유쾌한 크리에이티브》, 박종성 옮김, 청림출판
- 프리데만 슐츠 폰 툰 외(2011)《리더라면, 이렇게 말해주세요》, 진정근 옮김, 커뮤니케
  이션북스
- 한숙경(1995)《엄마가 고정관념을 깨면 아이의 창의력이 자란다》, 한울림
- 한호택(2007)《트리즈, 천재들의 생각패턴을 훔치다》, 21세기북스
- 호시 이치로(2003)《부모와 자녀가 함께 행복해지는 20가지 방법》, 혜문서관

이명노: 좌충우돌 6남매의 다중이 아빠

1976년 10월 24일(일) 24살 어린 나이에 결혼을 했다. 결혼생활 50년 동안 아들 둘, 딸 넷을 낳았다. 바르고 건강하게 자라기만을 바라고 키웠다. 이제는 모두 장성해서 부모 슬하를 떠났다. 6남매 키우느라 고생했던 아이들 엄마는 이제는 하늘나라에서 편히 쉬고 있다.

서울대학교 교육학과에서 교육심리, 단국대학교 대학원에서 인력개발 전공하였고, 1998년 '자기주도학습에 의한 기업체 교육체제 탐색'으로 평생 교육학 박사학위를 취득했다.

삼성그룹 회장비서실 경영관리 담당, 삼성전자 판매부장, 연수팀장, 직업훈련원 원장, 단국대학교 사범대학 교수, 고용노동부 노동교육원 객원교수, 사단법인 한국 강사협회 자문교수, 사회 발전연구 원장 등을 역임했다.

1988년부터 현재까지 리더십 교육프로그램을 통해 인재를 육성하고 사회발전에 기여하겠다는 이상을 품고 36년째 강사 활동을 하고 있다. 2001년 대한민국 명강사(한국HRD협회), 2006년 대한민국 명강사(한국강사협회)로 선정되고 수상하였다.

현재는 한국교류분석강사협회 회장, 기업교육강사들의 공간

상임고문, (주)The HRD 연수원 원장으로 재직하고 있다. 태종대왕 장자 경녕군 후손으로 전주이씨 경녕군파 대종회 회장직을 수행하고 있다.

저(역)서로는 《인간교류분석》(1997), 《SERVE 리더십으로 만드는 행복주식회사》(2006), 《반품하고 싶은 직원, 리모델링하고 싶은 상사》(2012), 《상황대응 애자일 리더십》(2020), 《요즘 시대 요즘 세대 요즘 리더》(2023), 《일·관계·인생이 행복해지는 인간관계 수업》(2024) 외 다수가 있다.

이번 책은 저자가 여섯 자녀의 아버지이자, 자기주도학습의 전문가라는 시각에서, 새 시대를 준비하는 후대 육영이라는 사명감으로 저술하게 되었다.

(연락처: 010 3238 9078)

나현숙: 다채로운 컬러를 가지고 있는 딸을 키우는 맘

딸아이를 키우며 인생을 배워가고 있다.

워킹맘으로서 육아와 일을 병행하며 늘 고민이 따른다. 아이에게 소홀하진 않은지, 외로움을 느끼진 않는지, 친구들과의 갈등을 혼자 견디고 있진 않은지 자책했던 순간이 많았다.

반면, 지나치게 감싸는 것은 아닐까, 부모에게 과도하게 의존하도록 키우고 있는 것은 아닐까 하는 우려도 있었다. 한 아이를 키운다는 것은 막중한 책임과 깊은 고민을 수반한다. 부족한 내 모습이 아이에게 부정적인 영향을 미치지는 않을까, 더 나은 선택을 방해하는 것은 아닐까 하는 불안감은 수많은 부모가 공감할 것이다.

그러나 완벽한 부모란 존재하지 않는다. 완벽하지 않아도 괜찮다. 그저 최선을 다해 고민하고 노력하는 것 자체가 이미 충분하다.

이 글이 길을 잃고 방황하는 부모들에게 작은 위로가 되길 바란다. 또한, 부모의 따뜻한 관심과 이야기를 들어줄 누군가가 곁에 있음을 아이가 느끼며 안심할 수 있기를 바란다. 결국, 아이를 잘 키우고 싶은 마음은 아이가 행복하기를 바라는 마음일 테니까.

병원교육 전문 기관인 ㈜메디탑 서비스연구소 대표이사로 활동하고 있으며, 을지대학교 대학원에서 의료경영보건학 박사학위를 취득했다. 또한 국내 최초로 의사코칭 프로그램(MCC)을 개발하여 진료문화 및 의료현장의 실질적인 변화를 이루는 데 기여했다.

특히 의료계 전반 환자중심 병원문화 조성을 목표로 상급종합병원, 중소병원, 보건의료계열 등 수많은 보건의료분야 기관을 대상으로 컨설팅과 직원 교육을 수행하였으며, 이를 통해 의료 서비스 관점을 전환하고 환자 경험 평가 대비 및 환자경험 향상에 기여하고 있다.

이영선: 세계 속으로 손을 뻗는 아들을 키우는 맘

아들을 키우며 엄마로서의 여정을 그리다.

한 명의 아들을 키우며 엄마로서 저의 목표는 그가 더 현명하고 자신이 삶의 주인으로 성장하는 것이다. 이는 결코 쉬운 일이 아니다. 아이를 키우면서 수많은 질문이 떠올랐다.

어떻게 아이를 올바르게 키울 수 있을까?

우리 아이는 친구들과 잘 지내고 있을까?

혹시 부모로서 알아야 하는 것을 일 때문에 놓치고 있는 것은 아닐까?

어떻게 훈계하는 것이 바람직할까?

매 순간 발생하는 다양한 이벤트 속에서 부모로서 어디까지 개입해야 할까?

아이가 스스로 꿈을 찾도록, 부모는 어떤 자극과 지원을 제공해야 할까?

이러한 작고 사소한 문제에서부터 아이의 미래에 대한 큰 고민까지, 부모들은 항상 많은 고민을 하게 된다. 육아하는 부모들에게 들려주고 싶은 에피소드를 중심으로, 치열하게 일과 육아에 사투를 벌이고 있는 요즘 부모들의 손에 이 책을 들려주려고 한다.

연세대학교 교육대학원 인적자원개발 석사학위 취득, 아주대학교 대학원 박사과정에서 리더십을 주제로 심층적인 연구활동을 하고 있다. 현재는 2012부터 THE HRD 주식회사의 대표이사로 HRD컨설팅, 교육과정 개발 및 강의 활동을 통해 기업의 가치를 높이고 구성원에게 성장의 밑거름을 제공하는 활동을 하고 있다.

저서로는 《요즘 시대 요즘 세대 요즘 리더》(2023), 《일·관계·인생이 행복해지는 인간관계 수업》(2024)이 있다.

(연락처: 010-7126-2321, ksys2020@nate.com)

배정진: 갈팡질팡 쌍둥이를 키우는 맘

완벽한 엄마는 아닐지라도,
최선을 다하는 나의 진심이 아이들에게 닿기를 바라며.

노산과 다태아, 임신당뇨, 그리고 합지증과 발달지연, 육아 전에는 들어 본 적도 없는 다양한 질병으로 인한 입·퇴원의 반복 등. 다양한 난관에 맞서며 딸&아들 쌍둥이 엄마로서의 여정을 시작했습니다. 내 한 몸만 챙기면 되는 평범한 직장인의 삶을 살던 저에게 쌍둥이 엄마로서의 삶은 매일이 도전이었고, 배움의 연속이었습니다.

그 과정에서 '좋은 엄마란 무엇인가'라는 질문과 끊임없이 마주했고, 답을 찾지 못해 헤메던 때 검증된 육아 선배들의 실전 꿀팁이 나침반이 되어 주었습니다. '육아 생초보'인 제가 경험했던 난

관과 고민을 헤쳐나갈 때 도움이 되었던 내용들이 저와 같은 길을 걸어갈 엄마들에게 힘이 되길 바라는 마음으로 이 책을 집필했습니다.

현재는 육아와 함께 교육컨설팅 기업 The Plus의 대표로서, 한국표준협회 전문위원, 긍정심리강점 전문가, 상황대응리더십 코치로 활동하며 2023년 인재경영이 선정한 '기업교육 명강사 30인'에 선정되는 등 전문성을 인정받았습니다. 경기도청소년수련원 재능기부 강사와 운영위원을 역임하며 사회 곳곳에 긍정적인 변화를 만들고자 노력하고 있습니다.

사주당 이씨와
태교신기

사주당 이씨의 생애

고을 풍속에 남자는 과거를 공부하고 여자는 여공(女工)
에 힘썼는데 돌아가신 어머니는 어려서부터 길쌈과 바느
질을 잘한다고 이름이 났다. 점차 자람에 길쌈을 그만두
며 탄식하기를 "사람으로 태어나 사람 노릇을 하는 것이
이것에 있다는 것인가?"

– 유희, 〈선비숙인이씨가장〉 중에서

사주당 이씨는 서기 1739년(영조 15)에 태어났다. 그녀는 어린
시절부터 지혜롭고 학문과 배움에 대한 열의가 컸던 것으로 전
해진다. 사주당 이씨의 성장 과정은 남달랐지만 출발부터 다르
지는 않았다. 그녀도 여느 사대부 가문 여성들처럼 바느질과 옷
감 다루는 일부터 시작해 여성이 갖추어야 할 기본 직무에 집중

완벽한 부모가 아니어도 충분해요

해 교육받았다. 그러다가 그녀는 어느 시점에선가 본인의 정체성에 강한 의심을 하는 동시에 사고를 과감하게 전환하였다.

그 무렵부터 사주당 이씨는 집안의 서재에 몰래 들어가 아버지나 오빠들이 읽는 책을 훔쳐 보곤 했다. 하루는 그녀가 서재에 몰래 들어가 책을 읽고 있었는데, 갑자기 아버지가 들어오시는 바람에 깜짝 놀라 숨었으나 아버지는 이미 딸이 책을 읽고 있다는 것을 알고 있었다. 아버지는 딸의 학문에 대한 대단한 열정을 기특하게 여겨, 이후에는 그녀가 자유롭게 책을 읽을 수 있도록 허락해 주었다.

글을 좋아하는 딸에게 부친 창식은 옛 명유의 어머니치고 글 못하는 분이 없었다며 딸의 공부를 막지 않고 오히려 장려하였다. 이런 부친의 각별한 배려는 사주당 이씨가 자신의 학문적 여정을 계속할 수 있는 중요한 동력이 되었으며, 이를 계기로 시작된 엄청난 독서를 통해 세상에 대한 지식을 넓히고, 자신만의 신념과 가치관을 형성해 나갈 수 있게 되었다. 1757년(영조 33) 부친 창식이 별세하였다. 그 후 삼년상을 치르고 1763년(영조 39) 25세 늦은 나이에 결혼1)을 하고 가정을 꾸리게 된 사주당 이씨

---

1) 사주당 이씨는 가난한 살림과 아버지의 3년상 때문에 25세라는 늦은 나이에 21살이나 많은 목천 현감 유한규와 결혼했다. 유한규는 세 부인이 차례로 일찍 사망하자 치매를 앓고 있는 노모를 위하여 이듬해 1763년(영조 39)에 사주당 이씨에게 네 번째 장가를 간 것이다.

는 아내와 어머니의 역할을 충실히 수행하면서도 학문에 대한 열정을 잃지 않았다. 여성도 배움에 대한 열정과 노력을 통해 학문을 익힐 수 있고, 또 배워야 한다는 신념을 가지게 되었다.

이 시기 동안 그녀는 자녀를 출산하고 육아하며 태교의 중요성을 깨닫게 되었고, 태교와 육아에 관한 연구와 실천을 시작하게 된다. 이 무렵 사주당 이씨의 삶은 조선 후기 여성으로서 역할을 뛰어넘었다. 특히 여성 교육과 태교, 육아의 중요성을 인식하는 것에 머무르지 않고 그것을 실천하는 지행합일의 삶을 살았다.

네 번의 임신과 출산을 경험하며 태교가 아이의 성품과 건강에 미치는 영향을 체계적으로 정리하였다. 이를 바탕으로 태교신기를 저술하게 되었다. 중년기에 접어든 사주당 이씨는 자신의 경험과 지식을 체계화하여 후대에 전하고자 하는 열망이 커졌다. 이 시기에는 자녀들이 성장하면서 그녀의 역할도 점차 가정 내 교육을 뛰어넘어 사회적으로 확장되었다. 자녀를 임신하고 출산, 육아하는 과정에서 집필하였던 태교신기 원고를 출간하게 된 것도 바로 이때로, 태교와 여성 교육에 대한 중요성을 널리 알리고자 하는 그녀의 의지가 반영된 것이다.

완벽한 부모가 아니어도 충분해요

사주당 이씨의 여성 교육에 대한 인식

사주당 이씨가 살았던 시대에는 남녀를 명확하게 구분해 남자는 사회적, 국가적 역할을 담당하고 여자는 집안일을 해야 한다는 생각은 너무도 당연했다. 어린 사주당도 이러한 시대적 특징을 비판하거나 돌이켜 생각해 볼 여지가 없었다. 영민했던 그녀는 실을 내어 옷감을 짜는 일도, 바느질로 옷을 만드는 일도 잘했다. 그런데 무슨 계기가 있었을까? 그녀는 옷감 짜기와 바느질을 더는 하고 싶지 않았다. 과감하게 바늘을 놓아 버렸다. 그리고 혼자서 조용하지만 강하게 외쳤다. "여자도 사람으로 태어났다. 사람이 사람 노릇을 하는 것이 어찌 바느질과 옷감 다루는 일에만 있겠는가?"

조선시대 여성들은 대부분 요조숙녀로 성장하고 혼인 후 현모양처가 되는 것을 자신의 정체성으로 삼았다. 이러한 시기에 남편과 성리학 지식과 관련해 수준 높은 논쟁을 하고, 남성 제자들이 찾아와 이 여성 앞에 다소곳이 앉아 배움을 청하며, 많은 남성 성리학자의 존경을 받는 여성 성리학자의 출현을 기대하기는 쉽지 않다. 불가능할 것이라는 이런 통념을 여지없이 깨뜨린 여성이 있었으니, 그녀가 바로 당대 최고의 유학자로 인정받았던 사주당 이씨였다.

사주당 이씨는 혼인 이후 58년간 전통 가정 안에서 지켜야 할 여성의 역할[2]을 충실히 수행하였다. 그러나 그녀는 여성과 남성의 차별적 구분을 반대하고 여성만이 할 수 있는 고유한 역할의 위대함을 강조하였다. 일찍이 양성평등 문화를 확산시키고 출산 친화적인 사회 분위기를 조성하고자 노력하였다. 또한 주변 여성들에게 자신의 지식과 경험을 나누며, 여성들이 학문을 통해 가정을 이끌어가는 데 중요한 역할을 할 수 있다는 신념을 전파했다. 그녀의 가르침은 당시 여성들 사이에서 큰 반향을 일으켰으며, 그녀의 영향력은 점차 확대되었다.

중년에 접어들었을 때, 그녀는 지역의 여성들을 위해 강연회를 열었다. 이 강연회는 당시 여성들에게 큰 인기를 끌었는데, 이씨는 일상생활에서의 도덕적 실천, 가정 내에서의 교육, 그리고 태교의 중요성에 대해 강의했다.

한 번은 강연 중에 한 여성이 이씨에게 태교에 대해 질문하며, "정말로 태교가 그렇게 중요한가요? 저는 그저 아이가 잘 먹

---

2) 사주당 이씨가 25세에 혼인하였을 때 시어머니 전주이씨(1682-1770)는 덕천군 11대손으로 당시 61세였다. 사주당은 치매를 앓고 있는 시어머니를 극진히 봉양하여 효부라는 칭송을 들었다.

완벽한 부모가 아니어도 충분해요

고 잘 크기만을 바랐는데요."라고 물었다. 이씨는 미소를 지으며, "태교는 아이가 세상에 나왔을 때 어떤 사람으로 자라날지를 결정짓는 첫 번째 교육입니다. 음식은 몸을 키우지만, 태교는 마음과 정신을 키웁니다."라고 대답했다. 이 답변에 감명받은 여성은 이후 이씨의 가르침을 충실히 따랐다고 전해진다.

사주당 이씨가 강연[3]을 통해 많은 여성들에게 태교와 교육의 중요성을 알렸고, 이는 그녀가 지역 사회에서 존경받는 인물이 되는 계기가 되었다. 이러한 에피소드는 사주당 이씨가 단순한 학자나 작가를 넘어, 당대 여성들에게 큰 영향을 미친 인물임을 보여준다. 그녀의 삶은 지혜와 도덕적 가치를 실천하고, 이를 통해 사회에 긍정적인 영향을 미치는 데 헌신한 여성이었다는 그것을 잘 나타내고 있다.

학문과 경제, 두 마리 토끼를 잡다

사사로이 재물을 증식하여 몇 년 만에 남는 재물로 선대

---

3) 사주당 이씨의 사회 계몽과 교육활동은 지금까지 이어지고 있다. 이씨가 혼인 이후 주로 거주했던 용인시는 사주당 이씨의 업적을 현대적 관점에서 재조명하여 온 가족 태교를 강조하는 태교교실을 운영하고 있다. 또 사주당 이씨가 태어난 청주시는 청원구 내수읍 우산리 46 일대에 태교와 출산을 장려하는 청주 사주당 태교랜드를 건립하고 운영할 계획이다.

의 묘 중에 무너진 지 오래된 것을 수리하였고, 다시 재물을 증식하여 몇 년 만에 재물이 남자 시아버지 묘역 안에 있는 밭을 되셨으며, 다시 재물을 증식하여 몇 연 만에 재물이 남자 이종 조카에게 부탁하여 친정에 후사 세우는 일을 도모하였으며, 다시 재물을 증식하여 몇 년 만에 재물이 남자 외손 중에 상이 귀한 자에게 유언하여 자신이 죽은 후에 제수를 마련하게 하였다.

– 유희, 〈선비숙인이씨가장〉 중에서

사주당 이씨의 활동이 학문 분야에만 머물지 않고 경제 분야까지 확장되었다. 1783년 사주당 45세에 남편은 죽고 자식은 많았다. 전처가 낳은 자식들은 이미 성장해 있었지만 그녀가 직접 낳은 자식들은 아직 어렸다. 사주당 이씨는 냉철하게 상황을 판단했으며 그것을 과감하게 실행에 옮겼다. 가장의 부재로 인해 갑작스럽게 맞이한 빈곤 앞에서 자신이 경제적으로도 무능한 존재가 되기 싫었다.

사주당 이씨는 남편의 삼년상을 끝으로 아내로서의 공식적인 역할을 마무리했다. 그리고 홀로 농사를 지으며 길쌈과 바느질로 생계를 이어갔지만, 네 자녀를 기르고 교육하기에는 턱없이 부족했다. 손등이 거북이 등 껍데기처럼 갈라지는 데도 옷감

완벽한 부모가 아니어도 충분해요

과 돗자리를 짰고, 거친 소금밥을 먹으면서도 친척들이 제안한 경제적 도움을 정중하게 사양했다.

하지만 여자 혼자의 힘으로 빈곤에서 탈출하기란 쉽지 않은 상황이었다. 결국 그녀가 선택한 방법은 민간 금융 시스템, 즉 사채였다. 농사를 비롯해 수많은 잡일을 하였는데도 경제적 형편이 나아지지 않아서 사채업에 뛰어든 것으로 보인다. 결과적으로 사주당 이씨는 사채업으로 많은 돈을 벌었고 여유 있는 자금으로 시댁과 친정을 경제적으로 지원했으며, 더 나아가 자신이 죽은 후까지도 안정적인 생활이 유지될 수 있는 경제적 기반을 마련했다. 이런 것들이 아들 유희가 과거 시험에 집착하지 않고 학문에 매진할 수 있는 경제적 기반이 되어 주었다.

삶의 끝자락에 서다

아름답다 부인이여 옛 여사로다
유림을 싸잡아 도의 법규를 넓혔네
뭇사람에게 푯대를 드리우고 향기로운 꽃을 떨치게 했네
화려한 채색을 거두고 요사스러운 찌꺼기를 초월했네

— 신작, 〈유목천부인이씨묘지명〉 중에서

사주당 이씨는 노년에 이르러 건강이 악화되었지만, 끝까지 학문과 가르침에 대한 열정을 잃지 않았다. 1821년(순조 21), 이 씨는 83세의 나이로 생을 마감했다. 그녀는 죽음을 앞두고도 평온한 마음으로 자신의 삶을 정리하고, 가족들에게 마지막 가르침을 남겼다. 그녀는 임종이 가까워지자, 자녀들과 가족들을 불러 모았다. 그녀는 자신의 삶에 대해 돌아보며, 자녀들에게 중요한 교훈을 남기고자 하였다.

사주당 이씨는 평생 쌓아온 지혜와 경험을 바탕으로 자녀들에게 도덕적 가치를 지키고, 타인을 배려하며 살 것을 당부했다. 특히, 여성으로서 역할과 책임을 강조하며, 자신의 삶을 본보기로 삼아 가족과 사회를 이롭게 할 것을 권유했다.

세상을 떠나면서 사주당 이씨는 태교신기를 제외한 자신의 글들을 모두 불태우게 했다. 왜일까? 사주당 이씨는 자기 생각이 조선이라는 케케묵은 세상에서는 받아들여지지 않으리라 생각했던 게 아닐까. 그래서 그녀는 자신의 물건과 유품을 하나하나 정리하기 시작했다. 그녀는 불필요한 것들을 전부 없애고, 꼭 필요하다고 생각되는 것들만 남겨두었다. 이런 과정에서도 태교신기와 같은 저서를 통해 자신의 지식과 신념이 후대에도 계속해서 전해지길 진정으로 바랐다.

사주당 이씨는 죽음을 두려워하지 않았다. 오히려 그녀는 평온한 마음으로 죽음을 맞이했다. 그녀는 죽음을 새로운 시작으로 받아들이며, 남은 시간을 가족과 함께 보내는 데 집중했다. 그녀의 마지막 순간은 고요하고 평화로웠으며, 그녀의 곁을 지킨 가족들은 그녀의 죽음 앞에서 깊은 경외심을 느꼈다. 그녀의 죽음은 단순한 생의 끝이 아니라, 후손들에게 중요한 교훈과 유산을 남긴 의미 있는 순간이었다. 그녀가 남긴 저서들은 여성 교육과 태교의 중요성을 알리는 데 너무도 중요한 역할을 했다.

학문과 배움을 사랑한 사주당 이씨의 면모는 유언에서도 잘 드러난다. 임종 무렵 그녀는 돌아가신 어머니의 편지, 남편과 성리학적 이치를 논했던 기록인 성리문답(性理問答), 자신이 베낀 격몽요결(擊蒙要訣), 이 세 가지를 함께 묻어 달라고 요청했다. 사랑하는 사람들을 기억할 수 있는 물건으로 편지와 책을 선택한 것은 사주당 이씨가 학문과 얼마나 밀접한 삶을 살았는지 보여주는 지표라 할 수 있다.

고령이 되어서도 항상 책을 손에서 놓지 않았던 사주당 이씨는 1821년(순조 21) 9월 22일 아들 유희가 임시로 거처하던 한강 남쪽의 집에서 타계하니 향년 83세였다. 그녀는 용인 관음동, 현재 용인시 모현면 외국어대학교 뒷산에 모셔졌다. 이듬해 1822년(순조 22년) 부군 목천 현감 유한규를 천묘하여 그곳에 합장하였다고 한다.

태교신기의 집필 과정과 주요 내용

태아가 복중에 있을 때의 한 가지 가르침에 관해서는 옛날에 있었다. 그러나 지금은 그와 관련된 글이 없어 온 지 수천 년이나 되었으니, 부녀자의 집에서 어찌 스스로 깨달아 실행할 수 있겠느냐? 일찍이 태교를 시험해 본 것이 네 번이었는데, 과연 너희의 형상과 기운이 크게 잘못된 부분이 없었다. 이 책을 집안에 전하는 것이 어찌 도움이 되지 않겠는가?

— 유희, 〈태교신기 발문〉 중에서

조선 후기에 이르자 시대적으로 여성의 역할과 가정 내 교육의 중요성이 점점 더 강조되었다. 특히, 임신 중 태아의 교육, 즉 태교에 대한 관심이 높아졌다. 이씨가 결혼하고 첫 아이를 임신했을 때, 그녀는 처음으로 태교의 중요성을 실감하게 된다. 당시 그녀는 임신 초기임에도 불구하고 가사일을 소홀히 할 수 없었고, 몸이 무거워도 열심히 집안을 돌보았다. 그러던 중 그녀는 감정 기복이 심해지고, 자주 피곤해져 스트레스를 받는 자신을 발견하곤 했다.

완벽한 부모가 아니어도 충분해요

어느 날, 그녀는 자기가 화를 내거나, 기운이 없을 때 태아도 그 영향을 받을 수 있다는 생각이 들었다. 그래서 마음을 차분히 가라앉히고, 산책하며 자연을 바라보고 좋은 책을 읽는 등 태교를 본격적으로 시작했다. 그녀의 이러한 실천은 아이가 건강하고 밝게 태어나는 결과로 이어졌고, 이후 그녀는 태교의 중요성을 더욱 확신하게 되었다. 이 경험이 그녀가 태교신기[4]를 집필하게 된 중요한 동기가 되었다.

사주당 이씨는 이러한 자신의 경험과 더불어 시대적 흐름과 사회적 요구에 맞춰 태교에 관한 지식을 체계적으로 정리하고, 여성들이 쉽게 접근할 수 있도록 널리 알리기 위해 태교신기를 집필하게 되었다. 그녀의 이러한 생각은 태교신기를 통해 태교의 중요성과 방법을 알리고, 여성들에게 교육의 필요성을 인식시키고자 하는 동기로 작용했다.

이러한 배경 속에서 그녀는 태교를 단순한 풍속이 아닌 과학적이고 체계적인 교육의 하나로 인식하고, 자신의 경험과 지식을 바탕으로 태교신기를 저술하게 된 것이다. 태교신기는 임신 중에 태아를 건강하고 바르게 키우기 위한 방법과 가르침을

---

4) 사주당 이씨가 쓴 태교신기는 세계 최초로 태교에 대한 체계적인 접근을 시도한 중요한 문헌으로 높이 평가 받고 있다. 배 속의 아이를 가르치는 방법을 기술한 책이다. 이 책에서는 태교의 주체를 임산부만의 일로 치부하지 않았고 온 가족이 해야 하는 일로 확장 시켰다.

담고 있는 책으로 태교에 대한 체계적이고 과학적인 접근을 시도한 점에서 당시의 열녀전 형식의 다른 태교 관련 문헌들과 차별화 된다.

사주당 이씨가 태교신기를 집필한 구체적인 나이를 살펴보면, 그녀가 이 책을 본격적으로 쓰기 시작한 시기는 아들 유희를 임신한 30대 초반인 1772년(영조 48) 무렵으로 볼 수 있으며, 이를 출간한 시기는 62세인 1800년(정조 24)이다. 사주당 이씨가 1821년(순조 21)에 83세의 나이로 사망했음을 고려하면, 태교신기는 그녀의 인생 전체의 경험과 학문적 지식을 바탕으로 태교의 중요성과 방법을 체계적으로 정리한 결과물이라고 할 수 있다.

태교신기! 부모가 되려는 사람의 필독서

인간의 기질을 올곧게 만들려면 그 근본이 되는 태아 때부터 인성교육을 시작해야 한다. 마치 명의가 아프기 전에 손을 쓰듯이, 잘 가르치는 자는 태어나기 전에 가르치므로 배 안의 열 달 기름( )이 스승의 10년 가르침보다 낫다. 사람의 기질은 모두 동일해 성인과 보통사람이 정해지지 않았고, 누구든지 가르쳐서 이끌면 성인이 될 수 있다. 그래서 태아 때부터 인간의 기질을 선하게 이끌고 교

완벽한 부모가 아니어도 충분해요

육하는 것이 무엇보다 중요하다.

– 사주당 이씨, 〈태교신기〉 중에서

태교신기의 내용을 전체적으로 살펴보면 산모 즉, 어머니의 행동과 감정, 생각 등이 태아의 성격과 건강에 큰 영향을 미치기 때문에 임신부는 항상 마음가짐과 생활 태도를 신중하게 해야 한다고 강조하고 있다. 그래서 임산부가 지켜야 할 생활규범을 구체적으로 제시하고 있다. 예를 들어 평소의 올바른 식사, 마음의 안정, 좋은 생각을 하는 것 등이 태아에게 긍정적인 영향을 미친다고 말하며, 좋지 않은 특정 음식이나 행동을 피할 것을 권장하고 있다.

또한 태교신기는 단순히 건강에만 국한된 것이 아니라, 태아가 올바른 성품을 갖도록 하는 데 초점을 맞추고 있다. 사주당 이씨는 어머니가 올바른 도덕적 가치를 가지고 태아에게 좋은 영향을 미칠 수 있도록 해야 한다고 강조한다. 또한 태교신기는 임신부들이 실천할 수 있는 구체적인 조언들을 담고 있다. 아름다운 자연을 보고 좋은 음악을 듣는 등의 활동이 태아에게 바람직한 영향을 미친다고 설명하고 있다.

태교신기는 총 열 개의 장과 서른다섯 개의 절로 이루어져 있다. 1장은 자식이 가지고 있는 기질의 병은 부모로부터 연유

한다는 것을 태교의 이치로서 밝히고, 2장에서는 여러 가지 사례를 인용하여 태교의 효험을 설명하고 있다. 3장에서는 옛 사람은 태교를 잘하여 자식이 어질었으나 오늘날 사람들은 태교를 소홀히 하여 그 자식들이 부족하다는 것을 말하고 태교의 중요성을 강조하고 있으며, 4장은 총 14절에 걸쳐 태교의 구체적인 방법을 자세하게 설명하고 있어서 가장 많은 부분을 차지하고 있다. 5장은 태교의 중요성을 다시 강조하고 태교를 반드시 행하도록 권하고 있으며, 6장에서는 태교를 행하지 않으면 해가 있다는 것을 경계하고 있다. 7장에서는 미신, 사술에 현혹됨을 경계하여 태아에 유익한 것을 설명하며, 8장에서는 여러 가지를 인용하여 태교의 이치를 증명하고 있다. 9장에서는 태교와 관련하여 옛사람들이 일찍이 행한 일을 인용하며, 10장에서는 태교의 근본과 부모의 책임을 거듭 강조하고 있다.

더불어 태교신기는 여성 교육의 중요성도 역설한다. 이씨는 여성이 태교를 통해 미래 세대의 교육에 중요한 역할을 할 수 있다고 믿었으며, 이를 위해 여성들이 반드시 교육을 받아야 한다고 주장한다. 태교신기는 이처럼 태교를 임신 중의 중요한 교육 과정으로 인식하고, 임신부가 실천할 수 있는 다양한 방법들을 제시함으로써 조선 후기 여성들의 생활에 큰 영향을 미친 서적이다.

태교신기는 이후 출산을 앞둔 많은 부인네들의 애독서가 되었다. 태교신기는 광복이 20년이나 지난 1966년 한글로 번역되어 처음으로 출판되었으나 34년 전인 1932년에 이미 일본어로 번역되어 일본인 임산부 사이에서 널리 읽혔다고 한다. 오늘날 전해지는 태교신기는 사주당과 그 자녀가 20여 년에 걸쳐 완성한 것이라 할 수 있다. 한글 대학자인 아들 유희가 어머니가 지은 책에 지(識)를 붙이고 딸들이 발문(跋文)을 붙인다는 것은 당시로서는 매우 드문 일이다. 이것은 사주당 자녀의 문장력과 글에 담겨있는 겸손한 생각 등은 사주당의 태교가 실제 크나큰 효험을 보았음을 뒷받침해 준다.

완벽한 부모가 아니어도 충분해요

초판인쇄	2025년 4월 15일
초판발행	2025년 4월 21일
감수	이관노
지은이	이명노 · 나현숙 · 이영선 · 배정진
발행인	조현수
펴낸곳	도서출판 프로방스
기획	조영재
마케팅	최문섭
편집	문영윤
주소	경기도 파주시 광인사길 68, 201-4호(문발동)
전화	031-942-5366
팩스	031-942-5368
이메일	provence70@naver.com
등록번호	제2016-000126호
등록	2016년 06월 23일

정가 19,800원
ISBN 979-11-6480-391-0 (03590)